重庆巴南朱家大院修缮与保护研究

重庆市巴南区文化遗产保护中心

黎明 著

学苑出版社

图书在版编目（CIP）数据

重庆巴南朱家大院修缮与保护研究 / 黎明著 . — 北京：
学苑出版社，2019.8

ISBN 978-7-5077-5793-4

Ⅰ . ①重…　Ⅱ . ①黎…　Ⅲ . ①古建筑—修缮加固—研
究—重庆　Ⅳ . ① TU746.3

中国版本图书馆 CIP 数据核字（2019）第 182859 号

责任编辑：周　鼎
出版发行：学苑出版社
社　　　址：北京市丰台区南方庄2号院1号楼
邮政编码：100079
网　　　址：www.book001.com
电子信箱：xueyuanpress@163.com
联系电话：010-67601101（营销部）、010-67603091（总编室）
经　　　销：全国新华书店
印　刷　厂：北京建宏印刷有限公司
开本尺寸：787×1092　1/16
印　　　张：18
字　　　数：320千字
版　　　次：2019年8月第1版
印　　　次：2019年8月第1次印刷
定　　　价：800.00元

编辑委员会

序

重庆扼控两江，雄踞西南，山水相依，民物丰殷，是华夏文明的发祥地之一，有着悠久的历史和光荣的革命传统，是我国著名的历史文化名城和文物大市。重庆市第三次全国文物普查登录各类古建筑4181处，涵盖汉代石阙、宋代桥梁、元明寺庙等，尤以清代民居、桥梁数量为多，是祖先给我们留下的宝贵遗产。巴渝地区古建筑风格独特，在中国建筑文化体系中有重要地位。

巴南区地处重庆市主城区，前身是千年历史名邑巴县。早在商周时期，巴人便在在江州立国，秦置巴郡，江州为附郭大县，北周改垫江县为巴县，至1994年改制设巴南区止，以"巴"名县历史长达一千四百余年，系重庆首县。在巴南丰饶的大地上，人杰地灵、经济富庶，保存下来的文物建筑十分丰富，其佼佼者有明代万寿宫、清代朱家大院、天心寺大雄宝殿、二圣戏楼、廖氏家族建筑群和众多造型别致的碉楼等，或历史悠久，或造型别致，或工艺独特，可谓异彩纷呈，是重庆建筑文化的瑰宝，是凝固的历史艺术品，是研究古代生产、生活的活化石。

近年来，重庆多措并举推动文物建筑修缮保护。巴南区行政主管部门主动引进社会资金，对市级文物保护单位朱家大院开展文物保护、利用，这一让社会参与文物、让文物活起来的探索性举措，示范意义可圈可点，希望巴南区积极总结成功经验，在全市更大范围进行推广。

朱家大院在维修工程竣工之后，及时刊出研究报告值得倡导，也为后来者提供了良好的借鉴。《重庆巴南朱家大院修缮与保护研究》一书，内容涉及勘察、设计、施工、监理、研究等方面，内页图文并茂，将近两百年的文物建筑形象地展现在读者面前。这本文物保护专业报告集，整理全面，资料详实，内容丰富，研究深入，真实地记录了这一珍贵文化遗产的修缮过程，具有一定的文献和学术价值，对于强化文物建筑研究、深化勘察设计水平、提升施工质量等，均会起到促进作用。

  《重庆巴南朱家大院修缮与保护研究》是巴南区第一部文物建筑保护报告集。巴南区文化遗产保护中心黎明同志多年执着于文物事业，在项目顺利完成和本书出版方面付出了很多心血。本书付梓在即，可喜可贺，爰以为序。

幸 军

重庆市文化委员会党委副主任

重庆市市文物局局长

目录

施工篇

监理篇

历史篇

第一章　历史沿革与建筑形制

巴南区，位于重庆市西南，在东经 106° 26′ 2″ ～ 106° 59′ 53″，北纬 29° 7′ 44″ ～ 29° 45′ 43″ 之间，东西最宽处 51 千米，南北最长处 71 千米。东与涪陵、南川接壤，南与綦江相连，西与江津、九龙坡、大渡口毗邻，北与南岸、江北、渝北、长寿交界。

其前身是具有 2300 多年历史的巴县，是全国建县最早的地区之一，并历为郡、州、府、路附廓大县。巴县与重庆府的隶属关系直至清末。民国二十四年（1935 年）四川省划设 18 个行政监察区，巴县属第三行政监察区。1949 年后，巴县属川东区璧山专区。1951 年 1 月，属重庆市。1953 年 2 月，属江津专区。1958 年 11 月，复属重庆市。1994 年 12 月，撤销巴县建立巴南区。

朱家大院位于重庆市巴南区南彭镇石岗社区，始建于清同治五年（1866 年）。由朱氏族人筹资兴建。直至民国时期，朱家大院经历多次修缮、扩建，才逐步形成三组三进院落并联的整体布局。抗战时期，三组院落的三进院均毁于战乱。

1949 年后，石岗农场对中院一进院过厅和东西两院的前院过厅进行了改建；20 世纪 60 年代末，西院后院西厢房和上房毁于火灾。

2000 年以后，以朱家大院为时代背景，对部分建筑进行了改造，先后拍摄了《追查渣滓洞刽子手》《罗龙镇女人》等经典影视剧。

2009 年 12 月 15 日，重庆市人民政府公布"朱家大院"为第二批重庆市文物保护单位。2010 年 8 月 20 日，重庆市文物局立"重庆市文物保护单位——朱家大院"标志碑一通。保护范围及建设控制地带尚未公布。朱家大院的行政管理归属巴南区文物局，日常维护由石岗农场负责。

朱家大院，坐北向南，依山坡面南而建，平面布局近似方形，由中院、西院、东院三路院落构成。院落原为三进，后遭历史和自然因素局部建筑损毁，现三路院落均仅存二进。现存建筑 85 间，总建筑面积 3606.98 平方米。

中院的前院由大门、东西厢房、过厅组成；后院由东西厢房、上房组成。西院的前院由西前厅、西天井、西厢房、西过厅组成；后院由西厢房、西上房组成。东院的前院由东前厅、东天井、东厢房、东过厅组成；后院由东厢房、上房组成。其中中、东、西院过厅均为20世纪60年代新建，西院后院的西厢房和上房已坍塌；除过厅、东院东配房、西院西配房、西院后院西厢房为单层以外，其他建筑地上部分均为二层，其中东西院过厅南侧建筑均含地下室。整体院落布局较完整，北侧现存围墙一段，石碾盘一座，现存建筑保存较好，院内地面大部分为条石地面，室内地面为后期改造的水泥地面和五夹板地面。院内设排水沟，向东、西、南三个方向排出院外，由排水沟统一排入南侧水塘。

第二章 建筑价值

　　朱家大院，始建于清同治五年（1866 年），该院是清末朱氏家族在重庆经商之人筹集银两在此兴建。始建之初路途遥远，肩挑背扛，非常艰辛，后历经朱家几代人的修葺、扩建，直到民国时期完成。其中中院和东院建筑建造年代较早，具有典型的传统建筑风格，雕刻精细美观，西院建造较晚，门窗以简洁大方民国时期风格为主。朱家大院从建筑的形制、材料的应用、门窗的繁简以及雕刻的精美程度，映射出建筑建造的延续性，也体现了朱家人崇尚美好生活的愿望和坚持不懈为之努力奋斗的家族精神；为研究当时的社会、人文、历史背景提供了翔实的实物资料。

　　巴渝地区的地理奇特、环境优美，建造者因地制宜、独具匠心，将白墙黛瓦的合院建筑置于山水之间的竹林深处，虽然没有华丽的色彩和雕饰，却清雅、脱俗。整体院落坐北向南，相邻建筑的屋面相连，远观宛若棋盘，气势恢宏不失端庄秀丽，与周围环境融为一体，浑然天成。大门上部高低错落的石砌门楣精美绝伦，门洞顶部刻有倒“福”字，寓意“福到”，在“福”字两边，刻有葫芦、团扇等“暗八仙”纹，与正面卷草纹交相呼应，富有家族生机勃勃、长寿吉祥等寓意；建筑门窗上的隔心造型随建造年代和居住空间的不同而变化，步步锦、冰裂纹、套方等形式多样，巧妙的混搭出千变万化的造型，并在其间雕刻花朵、夔龙、蝙蝠、文房四宝等纹样，赋予建筑清新、脱俗的美感，表达主人祈福呈祥的愿望。朱家大院布局严谨、错落有致，巧妙地体现了建造者的高雅艺术构思和营造理念；且在选址、形制、层次错落、色彩搭配、雕刻艺术上具有较高的艺术审美研究价值。

　　朱家大院依山面水，依山势而建，整体院落地势北高南低，巧妙地在不改变原始地形的基础上，建造了三院两进组合天井院的布局，既解决了建筑通风又合理利用空间。东、西院前院的天井下面设置条石砌筑墙体的地下室，不仅利于圈养牲畜、储藏粮食，同时有利于居住层隔潮，这种做法与干栏式民居有异曲同工之妙。院内宽敞的廊檐可达任何一间房屋，建筑虽然建造时期不同，却巧妙地紧密相连，使建筑风格远观浑然一体，近观富于变化，体现了当时朱氏家族和睦共处、相辅相成家族文化。建筑历经一百多年的风雨侵蚀，仍保存较好，在材料的使用和建造技艺上也体现了较高的技艺。因此，有效的保护朱家大院，对研究清末至民国时期的巴南民居的建筑形制和建造技艺具有较高的科学价值。

朱家大院建筑质朴典雅，清新脱俗，精妙绝伦，体现了因地制宜、尊重自然、天人合一的建造思想，继承和发扬这些优秀的传统思想，是塑造民族风格的关键所在。作为当地的极具特色的古民居，虽然后来作为农场和影视场景使用，对建筑做了部分改造，但在一定程度上，也使整个院落较好地保存下来，并在不同的历史背景下发挥了一定的社会价值。因此，对"朱家大院"实施有效的保护修缮，并加以合理利用，不仅能有效保存建筑本体，也体现了文物所传承下来的传统文化和真正价值。为迎合当代人们对文化认知水平的不断提高和需求，朱家大院可作为文化创意产业基地使用，更好地传承巴渝文化，延续中国传统文化。

勘察篇

第一章　现状勘察

此次调查对朱家大院保存状况进行详细记录，对残损部位进行检测分析和研究，为更好地保护本体建筑，提供真实的数据。本次针对建筑各残损点、门窗、屋面及相关环境进行调查。

本次调查的勘察方法采用法式尺寸及建筑构造关系由专业人员采用三维激光扫描仪和手工测量；残损状况采用现场木槌敲击，钢尺、钢钎测量，并结合三维扫描仪数据分析等方法进行综合研究。

1. 环境现状

1.1 院内环境

院落及室内环境基本完好。西院西北角后期临时搭建，影响文物历史环境。

1.2 周边环境

北侧排水明沟，已严重堵塞，局部山体有滑坡迹象；西侧条石铺砌踏步保持完整，基本保持原有植被格局，西北角围墙及侧门为后期新建；南侧排水明沟，堵塞严重，周边植被环境良好；东门外石砌道路移位、缺失、垃圾堆积。

1.3 环境现状调查

南侧

现状：自然植被；

残损状况：保存较好。

西侧

现状：自然植被；

残损状况：保存较好。

北侧

现状：北侧土坡紧邻建筑，无保护措施；

残损状况：局部坍塌，存在滑坡迹象；

残损原因：自然因素造成的土体松动、滑坡；

现状评估：存在安全隐患。

东侧

现状：杂物堆积；

残损状况：环境脏乱；

残损原因：缺乏管理维护；

现状评估：影响建筑风貌。

1.4 墙体现状调查

南侧

现状：土坯墙、条石墙；

残损状况：后加石膏板隔墙 22.3 平方米，后加仿真雕刻 18 平方米，抹灰层空鼓脱落 33.28 平方米；

残损原因：年久失修、雨水侵蚀、虫蚀、人为改造；

现状评估：存在安全隐患，改变建筑格局，影响建筑风貌。

西侧

现状：竹篾墙、条石墙；

残损状况：抹灰层空鼓霉变 134.69 平方米，墙体歪闪霉变糟朽 4.6 平方米，后期新建墙体 18.28 米，石墙面风化孔洞 2.3 平方米；

残损原因：年久失修、雨水侵蚀、虫蚀；

现状评估：存在安全隐患，影响建筑风貌

北侧

现状：竹篾墙、120 毫米 ×30 毫米木板墙；

残损状况：抹灰层空鼓霉变 41.73 平方米，墙板潮湿霉变 12.04 平方米，后期补配五夹板墙面 5.12 平方米，后期加窗 11.54 平方米，后期新建墙体 11.96 米；

残损原因：年久失修、雨水侵蚀、虫蚀、人为改造；

现状评估：影响建筑风貌。

东侧

现状：竹篾墙、条石墙；

残损状况：后期添配石膏板墙 162.4 平方米，墙体挖洞 4.8 平方米，局部基础下沉石墙歪闪风化 63.82 平方米；

残损原因：年久失修、雨水侵蚀、虫蚀、人为改造；

现状评估：存在安全隐患，影响建筑风貌。

1.5 散水地面现状调查

南侧

现状：散水佚失，条石台阶；

残损状况：台阶条石散乱缺失 12.35 平方米；

残损原因：缺乏有效维护；

现状评估：存在安全隐患，影响建筑风貌。

西侧

现状：散水佚失，条石游路；

残损状况：游路保存较好，表层布满青苔；

残损原因：缺乏有效维护；

现状评估：存在安全隐患，影响建筑风貌。

北侧

现状：混凝土散水；

残损状况：局部破损、缺失 12.77 平方米；

残损原因：年久失修、人为改造；

现状评估：存在安全隐患，影响建筑风貌。

东侧

现状：散水佚失、条石铺设便道；

残损状况：便道条石全部缺失；

残损原因：缺乏有效维护；

现状评估：存在安全隐患，影响建筑风貌。

1.6 排水现状调查

南侧

现状：条石砌筑排水沟；

残损状况：排水沟淤堵 68.5 米；

残损原因：缺乏有效维护；

现状评估：不利于排水，存在安全隐患。

西院

现状：条石砌筑暗沟；

残损状况：排水沟淤堵 15.29 米；

残损原因：缺乏有效维护；

现状评估：不利于排水，存在安全隐患。

北侧

现状：条石砌筑排水沟；

残损状况：排水沟淤堵 35.12 米；

残损原因：缺乏有效维护；

现状评估：不利于排水，存在安全隐患。

东院

现状：条石砌筑暗沟；

残损状况：排水沟淤堵 28.9 米；

残损原因：缺乏有效维护；

现状评估：不利于排水，存在安全隐患。

1.7 院内铺装现状调查

现状：条石铺墁；

残损状况：局部地面下沉 42.6 平方米；

残损原因：局部长满青苔，年久失修；

现状评估：影响建筑风貌。

南侧现状照片

"朱家大院"标志碑

朱家大院南侧环境（航拍）

南侧台阶入口

南侧台阶入口

南侧大门入口

西院南立面

西院南侧排水沟

东院南立面现状

东院南侧排水沟

北侧现状照片

朱家大院北侧环境（航拍）

北侧建筑立面

北侧后期改建筑立面

北侧现建围墙

东院北侧

北侧围墙墙基

北侧土坡紧邻文物本体，无防护措施

原墙面板缺失，后期添配五夹板

排水沟堵塞，排水不畅

西侧现状照片

朱家大院西侧环境航拍

西侧建筑立面

西侧后期新建围墙

西侧新建侧门

西院前院墙面后期采用五夹板包裹并涂刷白色涂料

西侧石墙潮湿泛碱，墙面后期抹灰，抹灰层空鼓脱落

石墙风化酥碱，局部后期开洞

西侧游路保存较好

排水沟堵塞，排水不畅

东侧现状照片

朱家大院东侧环境

东侧建筑立面及环境

东侧便道条石缺失

地面杂物堆积

后加临时搭建

后院东立面墙体后加石膏板并抹灰，抹灰层空鼓脱落

东立面排水口

东立面石墙墙基歪闪风化

东立面石墙墙基潮湿、风化

2. 建筑本体现状

2.1 中院建筑现状调查

（1）地面现状调查

a. 一层地面

院落后期作为农场使用和拍摄影视剧的需要，对原地面进行了大量改造。中院中轴线建筑后期铺设五夹板地面；东西院的前院建筑为木地板铺地；其他建筑室内现均为水泥、瓷砖地面。木地板大面积糟朽、缺失，影响建筑风貌，不利于后期利用；原条石地面全部佚失，后期铺设水泥、五夹板地面，与传统风格不符，影响建筑风貌。

中院大门

现状：水泥地面，后期加铺五夹板地面；

残损状况：现状保存较好；

残损原因：人为改造；

现状评估：影响建筑风貌。

中院前院西厢房

现状：水泥地面；

残损状况：现状保存较好；

残损原因：人为改造；

现状评估：影响建筑风貌。

中院前院东厢房

现状：水泥地面；

残损状况：现状保存较好；

残损原因：人为改造；

现状评估：影响建筑风貌。

中院过厅

现状：水泥地面，后期加铺五夹板地面；

残损状况：现状保存较好；

残损原因：人为改造；

现状评估：影响建筑风貌。

中院后院西厢房

现状：水泥地面；

残损状况：现状保存较好；

残损原因：人为改造；

现状评估：影响建筑风貌。

中院后院东厢房

现状：水泥地面；

残损状况：现状保存较好；

残损原因：人为改造；

现状评估：影响建筑风貌。

中院上房

现状：水泥地面，后期加铺五夹板地面；

残损状况：现状保存较好；

残损原因：人为改造；

现状评估：影响建筑风貌。

b. 二层地面

二层地面均为木楼板，部分缺失、糟朽、霉变，大部分木梯具有不同程度病害现象，影响建筑安全。

中院前院西厢房

现状：木楼板、木楼梯；

残损状况：糟朽潮湿霉变83.5平方米，踏板缺失断裂1.2平方米；

残损原因：年久失修、雨水侵蚀、虫蚀；

现状评估：存在安全隐患，影响建筑风貌。

中院前院东厢房

现状：木楼板、木楼梯；

残损状况：糟朽潮湿霉变72.6平方米，踏板缺失断裂0.3平方米；

残损原因：年久失修、雨水侵蚀、虫蚀；

现状评估：存在安全隐患，影响建筑风貌。

中院后院西厢房

现状：木楼板、木楼梯；

残损状况：糟朽潮湿霉变48.2平方米，踏板缺失断裂1.55平方米；

残损原因：年久失修、雨水侵蚀、虫蚀；

现状评估：存在安全隐患，影响建筑风貌。

中院后院东厢房

现状：木楼板、木楼梯；

残损状况：糟朽潮湿霉变42.7平方米，踏板缺失断裂2.15平方米；

残损原因：年久失修、雨水侵蚀、虫蚀；

现状评估：存在安全隐患，影响建筑风貌。

中院上房

现状：木楼板、木楼梯；

残损状况：糟朽潮湿霉变202.6平方米；

残损原因：年久失修、雨水侵蚀、虫蚀；

现状评估：存在安全隐患，影响建筑风貌。

中院地面现状照片

大门外地面为条石铺墁，室内五夹板铺地保存较好

前院西厢房前廊地面为条石铺墁、室内后期改造水泥地面

前院东厢房前廊地面为条石铺墁、室内后期改造水泥地面

过厅后期采用五夹板铺地，现状保存较好

后院西厢房地面后期改造为水泥地面

后院东厢房后期改造为水泥地面

后院上房廊内为水泥地面，室内后期加铺五夹板地面

二层地面均为木地板，大部分霉变糟朽

院内铺装条石铺墁地面，保存较好，局部长满青苔

（2）墙体现状调查

原建筑墙体分为竹篾墙、木板墙、石墙。现存竹篾墙保存较好，局部抹灰脱落；木板墙大部分霉变、缺失；石墙主要为建筑四周墙基，大部分保存较好，东侧墙体下沉，局部歪闪、风化较严重，存在安全隐患。作为农场使用时，二层增加大量隔断，破坏原建筑格局；后期拍摄影视剧需要，大部分建筑均有不同程度的改造，添配石膏板、五夹板等现代材料墙体，部分建筑室内采用石膏板包裹，影响建筑风貌。

中院大门

现状：竹篾墙、土坯墙；

残损状况：后加木隔墙72平方米；

残损原因：人为改造；

现状评估：改变建筑格局，影响建筑风貌。

中院前院西厢房

现状：竹篾墙、木板墙；

残损状况：抹灰层霉变糟朽 54.66 平方米，木板糟朽 0.31 平方米；

残损原因：年久失修、雨水侵蚀；

现状评估：影响建筑风貌。

中院前院西厢房二层隔墙

现状：木板墙；

残损状况：后加临时木板隔墙 17.5 平方米；

残损原因：人为改造；

现状评估：改变室内格局。

中院前院东厢房

现状：竹篾墙、木板墙；

残损状况：抹灰层霉变糟朽 59.14 平方米；

残损原因：年久失修；

现状评估：影响建筑风貌。

中院前院东厢房二层隔墙

现状：木板墙；

残损状况：后加临时木板隔墙 17.5 平方米；

残损原因：人为改造；

现状评估：改变室内格局。

中院过厅

现状：土坯墙；

残损状况：保存完好；

中院后院西厢房

现状：竹篾墙、木板墙；

残损状况：后期补配石膏板 75.13 平方米，抹灰层空鼓开裂 4 平方米；

残损原因：人为改造、年久失修；

现状评估：影响建筑风貌。

中院后院西厢房二层隔墙

现状：木板墙；

残损状况：后加临时木板隔墙 16.7 平方米；

残损原因：人为改造；

现状评估：改变室内格局。

中院后院东厢房

现状：竹篾墙、木板墙；

残损状况：后期补配石膏板 75.13 平方米，抹灰层空鼓开裂 9.2 平方米；

残损原因：人为改造、年久失修；

现状评估：影响建筑风貌。

中院后院东厢房二层隔墙

现状：木板墙；

残损状况：后加临时木板隔墙 17.5 平方米；

残损原因：人为改造；

现状评估：改变室内格局。

中院上房

现状：竹篾墙、木板墙；

残损状况：抹灰层空鼓 2.13 平方米；

残损原因：年久失修；

现状评估：影响建筑风貌。

中院上房二层隔墙

现状：木板墙；

残损状况：后加临时木板隔墙 223.3 平方米；

残损原因：人为改造；

现状评估：改变室内格局。

中院墙体现状照片

大门因拍摄电影需要，室内后期增加临时隔墙

前院西厢房墙体木板糟朽

前院东厢房墙面无结构隐患，抹灰层大面积空鼓剥落

过厅为后期新建，墙体现状保存较好

后院西厢房墙面后期大量采用石膏板包裹

后院东厢房后期大量采用石膏板包裹

43

后院上房明间内墙面经新近维修，现状保存较好

后院上房墙面局部抹灰层霉变，北侧墙体添配大量五夹板

二层室内后期增加大量隔墙

（3）屋面现状调查

建筑屋面均为小青瓦合瓦屋面，无苦背，由 100 毫米 ×25 毫米板椽直接承托小青瓦（大部分规格 180 毫米 ×180 毫米）。板椽年久失修，糟朽较严重，部分为后期更换，但新添配板椽规格过小，现已大部分弯曲变形；屋面大面积漏雨，瓦件散落缺失较严重；所有建筑正脊均为后期水泥砌筑，样式风格与建筑风貌不协调；局部建筑檐口后期采用水泥砂浆瓦瓦。

中院大门

现状：小青瓦、板椽；

残损状况：瓦件碎裂缺失 172.91 平方米，板椽霉变糟朽，后加板椽规格过小长度 89.8 米；

残损原因：年久失修、雨水侵蚀；

现状评估：存在安全隐患。

中院前院西厢房

现状：小青瓦、板椽；

残损状况：屋面年久失修瓦件碎裂移位 58.52 平方米，板椽霉变断裂约 14 米；

残损原因：年久失修、雨水侵蚀；

现状评估：存在安全隐患。

中院前院东厢房

现状：小青瓦、板椽；

残损状况：屋面年久失修瓦件碎裂移位58平方米，板椽霉变断裂约15米；

残损原因：年久失修、雨水侵蚀；

现状评估：存在安全隐患。

中院后院西厢房

现状：小青瓦、板椽；

残损状况：屋面年久失修瓦件碎裂移位140.84平方米，板椽霉变断裂约14米；

残损原因：年久失修、雨水侵蚀；

现状评估：存在安全隐患。

中院后院东厢房

现状：小青瓦、板椽；

残损状况：屋面年久失修瓦件碎裂移位141.72平方米，板椽霉变断裂约12米；

残损原因：年久失修、雨水侵蚀；

现状评估：存在安全隐患。

中院上房

现状：小青瓦、板椽；

残损状况：屋面年久失修瓦件碎裂移位498.65平方米，板椽霉变断裂约30米；

残损原因：年久失修、雨水侵蚀；

现状评估：存在安全隐患。

所有现存屋面正脊

现状：小青瓦；

残损状况：所有屋面正脊均为后期改造，采用水泥砂浆砌筑，样式风格与当地建筑不符；

残损原因：人为改造；

现状评估：影响建筑风貌。

中院屋面现状照片

大门梁架明显漏雨痕迹，木檩板椽部分糟朽霉变

前院西厢房楼板、木檩大面积霉变糟朽

前院东厢房楼板、木檩大面积霉变糟朽

过厅梁架为人字形梁架，与周边建筑风格不符

后院西厢房木檩、楼板局部霉变糟朽

后院东厢房梁架保存较好，部分木檩糟朽、板椽断裂

后院上房木构架保存较好，局部板椽断裂糟朽

大部分建筑瓦件散落，移位，屋面漏雨严重

所有屋面正脊均为水泥砂浆砌筑，样式与当地风格不符

（4）门窗装饰现状调查

中院建筑年代较早于西院，与中院相同，故中院存在大量隔扇门、隔扇窗，大部分保存较好。建筑后期拍摄影视剧需要，增加大量门窗、挂落、隔墙、雕刻等仿古构件，这些构件大部分为五夹板、密度板、石膏板制作，与原建筑风貌存在较大差异。后期因生活需要，人为改造大量门窗构件。

中院大门

现状：隔扇门、封檐板；

残损状况：后加隔扇门48.96平方米，封檐板糟朽4米；

残损原因：人为改造、年久失修；

现状评估：影响建筑风貌、改变建筑格局。

中院前院西厢房

现状：木窗；

残损状况：窗棂糟朽劈裂1.7平方米；

残损原因：年久失修、雨水侵蚀、虫蚀；

现状评估：影响建筑风貌。

中院前院东厢房

现状：木窗；

残损状况：窗棂糟朽劈裂 1.7 平方米；

残损原因：年久失修、雨水侵蚀、虫蚀；

现状评估：影响建筑风貌。

中院过厅

现状：挂落、木柱；

残损状况：后加挂落 45.33 平方米；

残损原因：人为改造；

现状评估：影响建筑风貌。

中院后院西厢房

现状：挂落、木柱；

残损状况：后加挂落 6.72 平方米，后期改造窗扇 8.7 平方米；

残损原因：人为改造；

现状评估：影响建筑风貌。

中院后院东厢房

现状：挂落、木柱；

残损状况：后加挂落 6.72 平方米，后期改造窗扇 6.2 平方米；

残损原因：人为改造；

现状评估：影响建筑风貌。

中院上房

现状：雀替、门窗；

残损状况：后加雀替 1.3 平方米，后加人造板仿制窗扇 8.86 平方米；

残损原因：年久失修、雨水侵蚀、虫蚀；

现状评估：影响建筑风貌。

中院门窗装饰现状照片

大门北侧隔扇门均为后期添配

前院西厢房窗

前院东厢房窗

过厅内挂落屏门均为后期添配，泡沫、五夹板制作

后院西厢房北侧窗扇为后期改造，室内后期增加挂落

后院东厢房南次间窗扇、明间挂落均为后期添配

后院上房中间窗心屉为后期添配，密度板制作

外墙面后期增加泡沫制作仿古雕刻

后期增加大量泡沫、五夹板制作仿古构件，改变建筑格局

2.2 西院建筑现状调查

（1）地面现状调查

a. 一层地面

院落后期作为农场使用和拍摄影视剧的需要，对原地面进行了大量改造。中院中轴线建筑后期铺设五夹板地面；东西院的前院建筑为木地板铺地；其他建筑室内现均为水泥、瓷砖地面。木地板大面积糟朽、缺失，影响建筑风貌，不利于后期利用；原条石地面全部佚失，后期铺设水泥、五夹板地面，与传统风格不符，影响建筑风貌。

西院前厅

现状：木楼板；

残损状况：糟朽潮湿霉变 123.95 平方米；

残损原因：年久失修、雨水侵蚀、虫蚀；

现状评估：存在安全隐患，影响建筑风貌。

西院前院西厢房

现状：木楼板；

残损状况：糟朽潮湿霉变 31.11 平方米；

残损原因：年久失修、雨水侵蚀、虫蚀；

现状评估：存在安全隐患，影响建筑风貌。

西院中厅

现状：水泥地面；

残损状况：现状保存较好；

残损原因：人为改造；

现状评估：影响建筑风貌。

西院配房

现状：水泥地面；

残损状况：现状保存较好；

残损原因：人为改造；

现状评估：影响建筑风貌。

西院后院西厢房

现状：水泥地面；

残损状况：现状保存较好；

残损原因：人为改造；

现状评估：影响建筑风貌。

b. 二层地面

二层地面均为木楼板，部分缺失、糟朽、霉变，大部分木梯具有不同程度病害现象，影响建筑安全。

西院前厅、西院前院西厢房

现状：木楼板、木楼梯；

残损状况：糟朽潮湿霉变 71 平方米，踏板缺失断裂 1.5 平方米；

残损原因：年久失修、雨水侵蚀、虫蚀；

现状评估：存在安全隐患，影响建筑风貌。

西院中厅

现状：木楼板、木楼梯；

残损状况：糟朽潮湿霉变 117 平方米，踏板缺失断裂 1.01 平方米；

残损原因：年久失修、雨水侵蚀、虫蚀；

现状评估：存在安全隐患，影响建筑风貌。

c. 地下一层地面

室内杂物堆积，现存均为水泥地面，局部破损、缺失。

西院地下室

现状：水泥地面；

残损状况：保存较好，杂物堆积；

残损原因：保存较好，杂物堆积缺乏日常维护、人为改造；

现状评估：存在安全隐患，影响建筑风貌。

西院地面现状照片

前厅地面均为木地板，大部分糟朽、松动、起翘

西院前院西厢房地面为木地板，局部糟朽、霉变

西院过厅地面后期全部改造为水泥地面，现状保存较好

西院配房地面后期全部改造为水泥地面，现状保存较好

西院后院西厢房前廊为条石铺地，北侧坍塌现为土地面

西院后院上房坍塌，现仅存游路、土地面

地下一层杂物堆积，后期铺设水泥地面

二层木地板大部分糟朽霉变存在安全隐患

院内铺装保存较好，局部长青苔

（2）墙体现状调查

原建筑墙体分为竹篾墙、木板墙、石墙。现存竹篾墙保存较好，局部抹灰脱落；木板墙大部分霉变、缺失；石墙主要为建筑四周墙基，大部分保存较好，东侧墙体下沉，局部歪闪、风化较严重，存在安全隐患。作农场使用时，二层增加大量隔断，破坏原建筑格局；后期拍摄影视剧需要，大部分建筑均有不同程度的改造，添配石膏板、五夹板等现代材料墙体，部分建筑室内采用石膏板包裹，影响建筑风貌。

西院前厅

现状：竹篾墙、木板墙；

残损状况：后期补配石膏板 70.14 平方米，抹灰层空鼓脱落 5.5 平方米；

残损原因：人为改造、年久失修；

现状评估：影响建筑风貌。

西院前厅二层隔墙

现状：木板墙；

残损状况：后加临时木板隔墙 21.5 平方米；

残损原因：人为改造；

现状评估：改变室内格局。

西院前院西厢房

现状：竹篾墙、木板墙；

残损状况：抹灰层空鼓脱落 6.31 平方米；

残损原因：年久失修；

现状评估：影响建筑风貌。

西院中厅

现状：土坯墙；

残损状况：抹灰空鼓脱落、后期裱糊 61.8 平方米；

残损原因：人为改造；

现状评估：影响建筑风貌。

西院中厅二层隔墙

现状：木板墙；

残损状况：后加临时木板隔墙 105 平方米；

残损原因：人为改造；

现状评估：改变室内格局。

西院配房

现状：竹篾墙；

残损状况：抹灰层空鼓脱落 55.73 平方米；

残损原因：年久失修；

现状评估：影响建筑风貌。

西院后院西厢房

现状：竹篾墙、木板墙；

残损状况：抹灰层空鼓脱落 3.1 平方米；

残损原因：年久失修；

现状评估：影响建筑风貌。

西院墙体现状照片

前厅墙面大量被改造为石膏板墙，白灰罩面

西院前院西厢房墙面后期抹面，原隔墙缺失现为石膏板

西院过厅墙体为土坯砌筑，局部抹灰层空鼓脱落

西院配房墙体后期添配五夹板，现大面积剥落

西院后院西厢房墙面抹灰层大面积霉变空鼓

西院后院上房坍塌，后期临时搭建牲口棚

地下一层内墙面后期涂刷白灰浆，现大面积脱落

二层后期增加大量木质隔墙

上房坍塌，后期砌筑围墙，墙基抹灰层霉变

（3）屋面现状调查

建筑屋面均为小青瓦合瓦屋面，无苫背，由 100 毫米 ×25 毫米板椽直接承托小青瓦（大部分规格 180 毫米 ×180 毫米）。板椽年久失修，糟朽较严重，部分为后期更换，但新添配板椽规格过小，现已大部分弯曲变形；屋面大面积漏雨，瓦件散落缺失较严重；所有建筑正脊均为后期水泥砌筑，样式风格与建筑风貌不协调；局部建筑檐口后期采用水泥砂浆瓦瓦。

西院前厅

现状：小青瓦、板椽；

残损状况：屋面年久失修瓦件碎裂移位 338.59 平方米，糟朽断裂板椽 12 米；

残损原因：年久失修、雨水侵蚀；

现状评估：存在安全隐患。

西院前院西厢房

现状：小青瓦、板椽；

残损状况：屋面年久失修瓦件碎裂移位 51.32 平方米，板椽霉变断裂约 20 米；

残损原因：年久失修、雨水侵蚀；

现状评估：存在安全隐患。

西院配房

现状：小青瓦、板椽；

残损状况：屋面年久失修瓦件碎裂移位 358.67 平方米，板椽断裂缺失糟朽 88 米；

残损原因：年久失修、雨水侵蚀；

现状评估：存在安全隐患。

西院中厅、后院西厢房

现状：小青瓦、板椽；

残损状况：屋面瓦件老化碎裂 33.28 平方米，板椽糟朽断裂约 30 米；

残损原因：年久失修、雨水侵蚀；

现状评估：存在安全隐患。

所有现存屋面正脊

现状：小青瓦；

残损状况：所有屋面正脊均为后期改造，采用水泥砂浆砌筑，样式风格与当地建筑不符；

  残损原因：人为改造；

  现状评估：影响建筑风貌。

西院屋面现状照片

前厅木柱被石膏板包裹，改造为罗马柱，后加木板条吊顶

西院前院西厢房木檩糟朽断裂

西院过厅木檩弯曲变形

西院配房部分木檩为后期添配，原木檩糟朽霉变

西院后院西厢房北侧坍塌，木檩断裂

西院后院上房位置临时增加抱厦，梁规格过小

地下一层廊架大部分霉变糟朽

屋面瓦件散乱，封檐板局部脱落

所有屋面正脊均为水泥砂浆砌筑，样式与当地风格不符

（4）门窗装饰现状调查

西院较晚，建筑吸收了部分民国建筑风格，门窗以简洁大方为主。建筑后期拍摄影视剧需要，增加大量门窗、挂落、隔墙、雕刻等仿古构件，这些构件大部分为五夹板、密度板、石膏板制作，与原建筑风貌存在较大差异。后期因生活需要，人为改造大量门窗构件。

西院前厅

现状：木栏杆、木棚条吊顶、门窗；

残损状况：栏杆棂条缺失 0.33 平方米，扶手糟朽缺失 1.2 米，地下一层窗棂条缺失 1.1 平方米，后加吊顶 36 平方米；

残损原因：年久失修、雨水侵蚀；

现状评估：影响建筑风貌、存在安全隐患。

西院中厅

现状：木栏杆；

残损状况：木栏板糟朽 3.5 平方米；

残损原因：年久失修、雨水侵蚀；

现状评估：影响建筑风貌、存在安全隐患。

西院后院西厢房

现状：木门窗；

残损状况：楞条缺失糟朽 0.4 平方米；

残损原因：年久失修、雨水侵蚀；

现状评估：影响建筑风貌。

西院门窗装饰现状照片

前厅木窗玻璃缺失，后期石膏板制作窗楣

西院前院西厢房后加五夹板制作道具灶台

西院过厅门窗保存较好，局部油漆剥落

西院配房后加临时木板吊顶，部分缺失、松动

西院后院西厢房木窗为后期添配，密度板制作

地下一层期增加泡沫制作仿石墙墙面

前厅栏杆表层剥落

天井处栏杆扶手糟朽，局部椽条霉变

栏杆扶手糟朽，栏杆潮湿霉变

2.3 东院建筑现状调查

（1）地面现状调查

a.一层地面现状调查

院落后期作为农场使用和拍摄影视剧的需要，对原地面进行了大量改造。中院中轴线建筑后期铺设五夹板地面；东西院的前院建筑为木地板铺地；其他建筑室内现均为水泥、瓷砖地面。木地板大面积糟朽、缺失，影响建筑风貌，不利于后期利用；原条石地面全部佚失，后期铺设水泥、五夹板地面，与传统风格不符，影响建筑风貌。

东院前厅

现状：木楼板；

残损状况：糟朽潮湿霉变117.04平方米；

残损原因：年久失修、雨水侵蚀、虫蚀；

现状评估：存在安全隐患，影响建筑风貌。

东院前院东厢房

现状：木楼板；

残损状况：糟朽潮湿霉变54.45平方米；

残损原因：年久失修、雨水侵蚀、虫蚀；

现状评估：存在安全隐患，影响建筑风貌。

东院中厅

现状：水泥地面；

残损状况：现状保存较好；

残损原因：人为改造；

现状评估：影响建筑风貌。

东院配房

现状：水泥地面；

残损状况：现状保存较好；

残损原因：人为改造；

现状评估：影响建筑风貌。

东院后院东厢房

现状：水泥地面；

残损状况：局部破损缺失 6.5 平方米；

残损原因：人为改造；

现状评估：影响建筑风貌。

东院上房

现状：瓷砖地面；

残损状况：现状保存较好；

残损原因：人为改造；

现状评估：影响建筑风貌。

b. 二层地面

二层地面均为木楼板，部分缺失、糟朽、霉变，大部分木梯具有不同程度病害现象，影响建筑安全。

东院前厅、东院前院东厢房

现状：木楼板、木楼梯；

残损状况：糟朽潮湿霉变 70.5 平方米，踏板缺失断裂 1.11 平方米；

残损原因：年久失修、雨水侵蚀、虫蚀；

现状评估：存在安全隐患，影响建筑风貌。

东院中厅

现状：木楼板、木楼梯；

残损状况：糟朽潮湿霉变 116 平方米，踏板缺失断裂 0.66 平方米；

残损原因：年久失修、雨水侵蚀、虫蚀；

现状评估：存在安全隐患，影响建筑风貌。

东院后院东厢房

现状：木楼板、木楼梯；

残损状况：糟朽潮湿霉变 47.7 平方米，踏板缺失断裂 2.15 平方米；

残损原因：年久失修、雨水侵蚀、虫蚀；

现状评估：存在安全隐患，影响建筑风貌。

c. 地下一层地面

室内杂物堆积，现存均为水泥地面，局部破损、缺失。

东院地下室

现状：水泥地面；

残损状况：局部水泥地面破损缺失；

残损原因：年久失修、雨水侵蚀、人为改造；

现状评估：影响建筑风貌。

东院地面现状照片

前厅地面为木地板，大面积霉变糟朽

东院前院东厢房地面为木地板，局部松动霉变

东院过厅前廊条石铺墁，室内后期改造水泥地面

东院配房室内杂物堆积，后期改造水泥地面

东院后院东厢房室内杂物堆积，后期改造水泥地面

东院上房室内后期改造瓷砖地面

东院上房北侧后期改造厨房，瓷砖铺地

地下一层地面后期改造为水泥地面，局部破损缺失

二层木楼板严重霉变糟朽

（2）墙体现状调查

原建筑墙体分为竹篾墙、木板墙、石墙。现存竹篾墙保存较好，局部抹灰脱落；木板墙大部分霉变、缺失；石墙主要为建筑四周墙基，大部分保存较好，东侧墙体下沉，局部歪闪、风化较严重，存在安全隐患。作农场使用时，二层增加大量隔断，破坏原建筑格局；后期拍摄影视剧需要，大部分建筑均有不同程度的改造，添配石膏板、五夹板等现代材料墙体，部分建筑室内采用石膏板包裹，影响建筑风貌。

东院前厅

现状：竹篾墙；

残损状况：后加五夹板墙 68.6 平方米；

残损原因：人为改造；

现状评估：影响建筑风貌。

东院前厅二层隔墙

现状：木板墙；

残损状况：后加临时木板隔墙 16.5 平方米；

残损原因：人为改造；

现状评估：改变室内格局。

东院前院东厢房

现状：竹篾墙、木板墙；

残损状况：室内石膏板包裹 82.96 平方米；

残损原因：年久失修；

现状评估：影响建筑风貌。

东院前院东厢房二层隔墙

现状：木板墙；

残损状况：后加临时木板隔墙 68.4 平方米；

残损原因：人为改造；

现状评估：改变室内格局。

东院中厅

现状：土坯墙；

残损状况：抹灰空鼓脱落、后期裱糊 63.3 平方米；

残损原因：人为改造；

现状评估：影响建筑风貌。

东院中厅二层隔墙

现状：木板墙；

残损状况：后加临时木板隔墙 108 平方米；

残损原因：人为改造；

现状评估：改变室内格局。

东院配房

现状：竹篾墙；

残损状况：原墙体局部缺失，现为红砖砌抹灰层空鼓脱落 42.3 平方米；

残损原因：人为改造、年久失修；

现状评估：影响建筑风貌。

东院后院东厢房

现状：木板墙、砖砌墙体、竹篾墙；

残损状况：原墙体局部缺失，现为红砖砌筑墙体后加石膏板风化剥落 40 平方米；

残损原因：人为改造、年久失修；

现状评估：影响建筑风貌。

东院上房

现状：竹篾墙、木板墙；

残损状况：抹灰层空鼓 5.4 平方米；

残损原因：年久失修；

现状评估：影响建筑风貌。

东院墙体现状照片

前厅墙面后期大量添配五夹板，现大面积剥落

东院前院东厢房室内大面积采用石膏板包裹墙面

东院过厅土坯墙保存较好，局部抹灰层空鼓开裂

东院配房竹篾墙抹灰层大面积空鼓脱落

东院后院东厢房明间两侧墙体均为后期采用红砖砌筑

东院上房北侧东侧墙体为后期红砖砌筑

东院上房北侧厨房红砖砌筑墙体，瓷砖贴面

地下一层墙面后期涂刷白灰浆，现大面积脱落

二层室内后期增加大量隔墙

（3）屋面现状调查

建筑屋面均为小青瓦合瓦屋面，无苫背，由 100 毫米 ×25 毫米板椽直接承托小青瓦（大部分规格 180 毫米 ×180 毫米）。板椽年久失修，糟朽较严重，部分为后期更换，但新添配板椽规格过小，现已大部分弯曲变形；屋面大面积漏雨，瓦件散落缺失较严重；所有建筑正脊均为后期水泥砌筑，样式风格与建筑风貌不协调；局部建筑檐口后期采用水泥砂浆瓦瓦。

东院前厅

现状：小青瓦、板椽；

残损状况：屋面年久失修瓦件碎裂移位 350.46 平方米，板椽霉变断裂约 25 米；

残损原因：年久失修、雨水侵蚀；

现状评估：存在安全隐患。

东院前院东厢房

现状：小青瓦、板椽；

残损状况：屋面年久失修瓦件碎裂移位 51.32 平方米，板椽霉变断裂约 30 米；

残损原因：年久失修、雨水侵蚀；

现状评估：存在安全隐患。

东院中厅、东院配房

现状：小青瓦、板椽；

残损状况：屋面年久失修瓦件碎裂移位 349.08 平方米，板椽霉变断裂约 108 米；

残损原因：年久失修、雨水侵蚀；

现状评估：存在安全隐患。

东院后院东厢房

现状：小青瓦、板椽；

残损状况：屋面年久失修瓦件碎裂移位 141.62 平方米，板椽霉变断裂约 30 米；

残损原因：年久失修、雨水侵蚀；

现状评估：存在安全隐患。

所有现存屋面正脊

现状：小青瓦；

残损状况：所有屋面正脊均为后期改造，采用水泥砂浆砌筑，样式风格与当地建筑不符；

残损原因：人为改造；

现状评估：影响建筑风貌。

东院屋面现状照片

前厅后加木板条吊顶，板椽糟朽断裂

东院前院东厢房楼板檩糟朽霉变

东院过厅梁架板椽糟朽，瓦件霉变泛碱

东院配房梁架保存较好，部分木檩霉变糟朽

东院后院东厢房木檩糟朽断裂

东院上房现存明间两侧梁架均为后期改造

东院上房后期新建北侧厨房，采用混凝土结构

地下一层楼板木檩大面积受潮霉变、糟朽

屋面瓦件大面积碎裂缺失

（4）门窗装饰现状调查

东院建筑年代较早于西院，与中院相同，故东院存在大量隔扇门、隔扇窗，大部分保存较好。建筑后期拍摄影视剧需要，增加大量门窗、挂落、隔墙、雕刻等仿古构件，这些构件大部分为五夹板、密度板、石膏板制作，与原建筑风貌存在较大差异。后期因生活需要，人为改造大量门窗构件。

东院前厅

现状：木栏杆、木棚条吊顶、门窗；

残损状况：栏杆后期改造 8.04 平方米，后加吊顶 26 平方米，扶手缺失 1.2 米，玻璃缺失 2.6 平方米，后期改造窗扇 1.8 平方米；

残损原因：年久失修、雨水侵蚀；

现状评估：存在安全隐患，影响建筑风貌。

东院前院东厢房

现状：木栏杆、木门窗；

残损状况：栏杆立柱缺失 5 根，糟朽 8 根，扶手全部糟朽，地栿糟朽 2.4 米，门窗雕刻缺失 0.33 平方米；

残损原因：年久失修、雨水侵蚀；

现状评估：存在安全隐患，影响建筑风貌。

东院中厅

现状：木栏杆；

残损状况：木栏板糟朽 3.3 平方米；

残损原因：年久失修、雨水侵蚀；

现状评估：存在安全隐患，影响建筑风貌。

东院配房

现状：门窗；

残损状况：玻璃缺失 3.9 平方米，后期改造窗扇 1.8 平方米；

残损原因：年久失修、人为改造；

现状评估：影响建筑风貌。

东院后院东厢房

现状：木门窗；

残损状况：原门窗缺失现为石膏板 4.58 平方米，窗扇缺失 1.8 平方米；

残损原因：年久失修、人为改造；

现状评估：影响建筑风貌。

东院门窗装饰现状照片

前厅门窗保存较好，局部面层剥落

东院前院东厢房桄条局部缺失，木栏杆糟朽断裂

东院过厅栏杆扶手糟朽，栏板霉变糟朽

东院配房木窗缺失

东院后院东厢房原木窗缺失，后期添配石膏板

东院上房栏板糟朽霉变

东院上房门窗棂条霉变、松动

东院上房北侧厨房门窗为后期改建

地下室东侧板门保存较好，局部潮湿

朱家大院老照片（拍摄角度：东南角）

2.4 梁架现状调查

（1）柱子现状调查

建筑地上部分均为木柱，承重木柱（承托屋面檩）直径 D=180 ~ 280 毫米左右，上房中柱规格最大直径 D=280 毫米；隔墙柱大部分为方柱规格为 120 毫米 ×150 毫米、70 毫米 ×150 毫米、70 毫米 ×130 毫米；现存木柱部分糟杇、劈裂、虫蚀，其余保存较好。地下一层为石柱 350 毫米 ×350 毫米，大部分保存较好，东侧石柱柱头劈裂。

Z–1 ~ 3

规格：D=220 毫米；

残损状况：霉变糟杇；

残损原因：年久失修，雨水侵蚀；

现状评估：存在安全隐患。

Z–4 ~ 8

规格：230 毫米 ×230 毫米；

残损状况：石膏板包镶木柱糟杇；

残损原因：人为改造、雨水侵蚀；

现状评估：存在安全隐患。

Z–9

规格：D=180 毫米；

残损状况：霉变糟杇；

残损原因：年久失修，雨水侵蚀；

现状评估：存在安全隐患。

Z–10、11

规格：120 毫米 ×150 毫米；

残损状况：原木柱缺失后期添配；

残损原因：人为改造；

现状评估：影响建筑风貌。

Z-12 ~ 14

规格：230毫米×230毫米；

残损状况：石膏板包镶木柱糟朽；

残损原因：人为改造；

现状评估：影响建筑风貌、存在安全隐患。

Z-15、16

规格：D=180毫米；

残损状况：虫蚀糟朽；

残损原因：年久失修、虫蚀；

现状评估：存在安全隐患。

Z-17、18

规格：D=180毫米（5根）；

残损状况：木柱缺失现为红砖墙体支撑；

残损原因：人为改造；

现状评估：影响建筑风貌。

Z-19

规格：D=220毫米；

残损状况：木柱扭曲变形；

残损原因：年久失修；

现状评估：存在安全隐患。

Z-20

规格：D=130毫米（5根）；

残损状况：木柱后期添配规格过小；

残损原因：人为改造；

现状评估：存在安全隐患。

Z-21

规格：D=180毫米（2根）；

残损状况：木柱柱中严重糟朽；

残损原因：年久失修；

现状评估：存在安全隐患。

Z-22

规格：D=200 毫米；

残损状况：劈裂裂缝长 1.3 米，宽 0.04 米，深 0.06 米；

残损原因：年久失修；

现状评估：存在安全隐患。

Z-23

规格：D=180 毫米；

残损状况：柱根劈裂糟朽高度 450 毫米；

残损原因：年久失修；

现状评估：存在安全隐患。

Z-24

规格：D=180 毫米；

残损状况：劈裂裂缝长 1.1 米，宽 0.05 米，深 0.05 米；

残损原因：年久失修；

现状评估：存在安全隐患。

Z-25、26

规格：D=200 毫米；

残损状况：木柱柱头糟朽；

残损原因：年久失修；

现状评估：存在安全隐患。

Z-27、28

规格：D=180 毫米；

残损状况：木柱柱根糟朽 500 毫米高；

残损原因：年久失修；

现状评估：存在安全隐患。

Z-29、30

规格：D=200 毫米；

残损状况：木柱柱头糟朽；

残损原因：年久失修；

现状评估：存在安全隐患。

Z-31

规格：D=180毫米；

残损状况：木柱虫蚀糟朽；

残损原因：年久失修；

现状评估：存在安全隐患。

Z-32

规格：D=220毫米；

残损状况：木柱柱根糟朽700高；

残损原因：年久失修；

现状评估：存在安全隐患。

Z-33

规格：D=180毫米；

残损状况：木柱柱根糟朽600高；

残损原因：年久失修；

现状评估：存在安全隐患。

Z-34

规格：D=180毫米；

残损状况：木柱柱根糟朽700高；

残损原因：年久失修；

现状评估：存在安全隐患。

Z-35

规格：D=230毫米；

残损状况：劈裂裂缝长1.8米，宽0.03米，深0.18米；

残损原因：年久失修；

现状评估：存在安全隐患。

石柱

规格：350毫米×350毫米；

残损状况：柱头劈裂；

残损原因：年久失修，雨水侵蚀；

现状评估：存在安全隐患。

（2）木梁、木枋现状调查

建筑大门为穿斗式和抬梁式相结合结构，东西两侧山墙梁架采用穿斗式，明间梁架采用抬梁式结构，明间西侧五架梁（D=250毫米）、三架梁（D=21毫米）霉变糟朽，存在安全隐患；过厅为后期新建，采用人字形梁架；其余建筑为穿斗结构，柱之间采用穿枋（150毫米×160毫米）连接，穿枋穿出檐柱后变为挑枋（80毫米×200毫米），承托挑檐檩，大部分穿枋保存较好，部分挑枋枋头糟朽。承重柱之间下设木地梁（100毫米×170毫米）进行拉结，部分地梁霉变糟朽、扭曲变形。

木梁

ML-1

规格：D=250毫米；

残损状况：五架梁霉变糟朽；

残损原因：年久失修，雨水侵蚀；

现状评估：存在安全隐患。

ML-2

规格：D=210毫米；

残损状况：三架梁霉变糟朽；

残损原因：年久失修，雨水侵蚀；

现状评估：存在安全隐患。

ML-3～6

规格：100毫米×160毫米；

残损状况：地梁霉变糟朽；

残损原因：年久失修，雨水侵蚀；

现状评估：存在安全隐患。

ML-7

规格：100毫米×160毫米；

残损状况：地梁虫蚀糟朽；

残损原因：年久失修，虫蚀；

现状评估：存在安全隐患。

ML-8、9

规格：100 毫米 ×160 毫米；

残损状况：地梁霉变糟朽；

残损原因：年久失修，雨水侵蚀；

现状评估：存在安全隐患。

ML-10、11

规格：100 毫米 ×160 毫米（4 根）；

残损状况：地梁霉变糟朽；

残损原因：年久失修，雨水侵蚀；

现状评估：存在安全隐患。

ML-12、13

规格：100 毫米 ×160 毫米（3 根）；

残损状况：地梁霉变糟朽；

残损原因：年久失修，雨水侵蚀；

现状评估：存在安全隐患。

ML-14

规格：100 毫米 ×160 毫米；

残损状况：地梁劈裂糟朽；

残损原因：年久失修，雨水侵蚀；

现状评估：存在安全隐患。

ML-15

规格：100 毫米 ×160 毫米；

残损状况：地梁霉变糟朽；

残损原因：年久失修，雨水侵蚀；

现状评估：存在安全隐患。

ML-16

规格：100 毫米 ×160 毫米（4 根）；

残损状况：地梁霉变糟朽；

残损原因：年久失修，雨水侵蚀；

现状评估：存在安全隐患。

ML-17

规格：100毫米×160毫米（2根）；

残损状况：地梁霉变糟朽；

残损原因：年久失修，雨水侵蚀；

现状评估：存在安全隐患。

ML-18

规格：100毫米×160毫米；

残损状况：地梁霉变糟朽；

残损原因：年久失修，雨水侵蚀；

现状评估：存在安全隐患。

ML-19

规格：100毫米×160毫米（3根）；

残损状况：地梁变形糟朽；

残损原因：年久失修，雨水侵蚀；

现状评估：存在安全隐患。

ML-20

规格：100毫米×160毫米（2根）；

残损状况：地梁霉变糟朽；

残损原因：年久失修，雨水侵蚀；

现状评估：存在安全隐患。

ML-21、22

规格：100毫米×160毫米；

残损状况：地梁霉变糟朽；

残损原因：年久失修，雨水侵蚀；

现状评估：存在安全隐患。

ML-23

规格：100毫米×160毫米（4根）；

残损状况：地梁霉变糟朽；

残损原因：年久失修，雨水侵蚀；

现状评估：存在安全隐患。

ML-24

规格：100毫米×160毫米（2根）；

残损状况：地梁霉变糟朽；

残损原因：年久失修，雨水侵蚀；

现状评估：存在安全隐患。

ML-25

规格：100毫米×160毫米；

残损状况：地梁扭曲变形，霉变糟朽；

残损原因：年久失修，雨水侵蚀；

现状评估：存在安全隐患。

ML-26

规格：100毫米×160毫米（3根）；

残损状况：地梁霉变糟朽；

残损原因：年久失修，雨水侵蚀；

现状评估：存在安全隐患。

ML-27

规格：100毫米×160毫米；

残损状况：地梁劈裂；

残损原因：年久失修；

现状评估：存在安全隐患。

ML-28

规格：100毫米×160毫米（2根）；

残损状况：地梁霉变糟朽；

残损原因：年久失修，雨水侵蚀；

现状评估：存在安全隐患。

ML-29

规格：100 毫米 ×160 毫米（3 根）；

残损状况：地梁霉变糟朽；

残损原因：年久失修，雨水侵蚀；

现状评估：存在安全隐患。

ML-30

规格：100 毫米 ×160 毫米；

残损状况：地梁霉变糟朽；

残损原因：年久失修，雨水侵蚀；

现状评估：存在安全隐患。

ML-31

规格：100 毫米 ×160 毫米（3 根）；

残损状况：地梁霉变糟朽；

残损原因：年久失修，雨水侵蚀；

现状评估：存在安全隐患。

ML-32

规格：100 毫米 ×160 毫米；

残损状况：地梁扭曲变形；

残损原因：年久失修；

现状评估：存在安全隐患。

ML-33

规格：100 毫米 ×160 毫米；

残损状况：地梁霉变糟朽；

残损原因：年久失修，雨水侵蚀；

现状评估：存在安全隐患。

ML-34

规格：100 毫米 ×160 毫米；

残损状况：地梁扭曲变形；

残损原因：年久失修；

现状评估：存在安全隐患。

（3）木檩现状调查

建筑为穿斗式结构，屋面为小青瓦合瓦，无苫背层，故檩规格均不大，直径130～150毫米。现存大部分木檩保存较好，地下一层因紧邻地面，且通风性较差，室内湿度较大，楼板木檩大部分霉变糟朽，已存在安全隐患。

楼板檩

LL-1～3

规格：D=130毫米；

残损状况：霉变糟朽；

残损原因：年久失修，雨水侵蚀；

现状评估：存在安全隐患。

LL-4

规格：D=130毫米；

残损状况：缺失；

残损原因：人为改造；

现状评估：存在安全隐患。

LL-5

规格：D=130毫米；

残损状况：霉变糟朽；

残损原因：年久失修，雨水侵蚀；

现状评估：存在安全隐患。

LL-6～8

规格：D=130毫米；

残损状况：缺失；

残损原因：人为改造；

现状评估：存在安全隐患。

LL-9

规格：D=130毫米；

残损状况：霉变糟朽；

残损原因：年久失修，雨水侵蚀；

现状评估：存在安全隐患。

LL-10

规格：D=130毫米；

残损状况：缺失；

残损原因：人为改造；

现状评估：存在安全隐患。

LL-11、12

规格：D=130毫米；

残损状况：霉变糟朽；

残损原因：年久失修，虫蚀；

现状评估：存在安全隐患。

LL-13、14

规格：D=130毫米；

残损状况：霉变糟朽；

残损原因：年久失修，雨水侵蚀；

现状评估：存在安全隐患。

LL-15、16

规格：D=130毫米；

残损状况：霉变糟朽；

残损原因：年久失修，虫蚀；

现状评估：存在安全隐患。

LL-17～19

规格：D=130毫米；

残损状况：霉变糟朽；

残损原因：年久失修，雨水侵蚀；

现状评估：存在安全隐患。

LL-20 ~ 23

规格：D=130 毫米；

残损状况：霉变糟朽；

残损原因：年久失修，虫蚀；

现状评估：存在安全隐患。

LL-24、25（5 根）

规格：D=130 毫米；

残损状况：缺失；

残损原因：年久失修，人为改造；

现状评估：存在安全隐患。

地下室木檩、楞木

规格：D=130 毫米、200 毫米；

残损状况：全部霉变潮湿糟朽；

残损原因：年久失修；

现状评估：存在安全隐患。

屋面檩

L-1、2

规格：D=150 毫米；

残损状况：霉变糟朽；

残损原因：年久失修，雨水侵蚀；

现状评估：存在安全隐患。

L-3

规格：D=130 毫米；

残损状况：霉变糟朽；

残损原因：年久失修，雨水侵蚀；

现状评估：存在安全隐患。

L-4

规格：D=130 毫米；

残损状况：虫蚀糟朽；

残损原因：年久失修，虫蚀；

现状评估：存在安全隐患。

L-5

规格：D=150毫米；

残损状况：霉变糟朽；

残损原因：年久失修，雨水侵蚀；

现状评估：存在安全隐患。

L-6、7

规格：D=130毫米；

残损状况：霉变糟朽；

残损原因：年久失修，雨水侵蚀；

现状评估：存在安全隐患。

L-8

规格：D=130毫米；

残损状况：虫蚀糟朽；

残损原因：年久失修，虫蚀；

现状评估：存在安全隐患。

L-9 ~ 11

规格：D=130毫米；

残损状况：霉变糟朽；

残损原因：年久失修，雨水侵蚀；

现状评估：存在安全隐患。

L-12

规格：D=130毫米；

残损状况：虫蚀糟朽；

残损原因：年久失修，虫蚀；

现状评估：存在安全隐患。

L-13 ~ 15

规格：D=130 毫米；

残损状况：霉变糟朽；

残损原因：年久失修，雨水侵蚀；

现状评估：存在安全隐患。

L-16

规格：D=130 毫米；

残损状况：虫蚀糟朽；

残损原因：年久失修，虫蚀；

现状评估：存在安全隐患。

L-17 ~ 19

规格：D=130 毫米；

残损状况：霉变糟朽；

残损原因：年久失修，雨水侵蚀；

现状评估：存在安全隐患。

L-20

规格：D=130 毫米；

残损状况：虫蚀糟朽；

残损原因：年久失修，虫蚀；

现状评估：存在安全隐患。

L-21 ~ 23

规格：D=130 毫米；

残损状况：霉变糟朽；

残损原因：年久失修，雨水侵蚀；

现状评估：存在安全隐患。

L-24

规格：D=130 毫米；

残损状况：虫蚀糟朽；

残损原因：年久失修，虫蚀；

现状评估：存在安全隐患。

L-25 ～ 27

规格：D=130 毫米；

残损状况：霉变糟朽；

残损原因：年久失修，雨水侵蚀；

现状评估：存在安全隐患。

L-28

规格：D=130 毫米；

残损状况：虫蚀糟朽；

残损原因：年久失修，虫蚀；

现状评估：存在安全隐患。

L-29 ～ 31

规格：D=130 毫米；

残损状况：霉变糟朽；

残损原因：年久失修，雨水侵蚀；

现状评估：存在安全隐患。

L-32

规格：D=130 毫米；

残损状况：虫蚀糟朽；

残损原因：年久失修，虫蚀；

现状评估：存在安全隐患。

L-33、34

规格：D=130 毫米；

残损状况：霉变糟朽；

残损原因：年久失修，雨水侵蚀；

现状评估：存在安全隐患。

L-35

规格：D=130 毫米；

残损状况：虫蚀糟朽；

残损原因：年久失修，虫蚀；

现状评估：存在安全隐患。

L-36

规格：D=130毫米；

残损状况：霉变糟朽；

残损原因：年久失修，雨水侵蚀；

现状评估：存在安全隐患。

L-37

规格：D=130毫米；

残损状况：断裂；

残损原因：年久失修，雨水侵蚀；

现状评估：存在安全隐患。

L-38

规格：D=130毫米；

残损状况：霉变糟朽；

残损原因：年久失修，雨水侵蚀；

现状评估：存在安全隐患。

L-39

规格：D=130毫米；

残损状况：虫蚀糟朽；

残损原因：年久失修，虫蚀；

现状评估：存在安全隐患。

L-40

规格：D=150毫米；

残损状况：霉变糟朽；

残损原因：年久失修，雨水侵蚀；

现状评估：存在安全隐患。

L-41、42

规格：D=150毫米；

残损状况：霉变糟朽；

残损原因：年久失修，雨水侵蚀；

现状评估：存在安全隐患。

L-43

规格：D=130毫米；

残损状况：虫蚀糟朽；

残损原因：年久失修，虫蚀；

现状评估：存在安全隐患。

L-44

规格：D=130毫米；

残损状况：霉变糟朽；

残损原因：年久失修，雨水侵蚀；

现状评估：存在安全隐患。

L-43

规格：D=130毫米；

残损状况：断裂；

残损原因：年久失修；

现状评估：存在安全隐患。

梁架现状照片

大门梁架明显漏雨痕迹，木檩板椽部分糟朽霉变

前院西厢房楼板、木檩大面积霉变糟朽

前院东厢房墙面无结构隐患，抹灰层大面积空鼓剥落

过厅梁架为人字形梁架，与周边建筑风格不符

后院西厢房木檩、楼板局部霉变糟朽

后院东厢房梁架保存较好，部分木檩糟朽、板椽断裂

后院上房木构架保存较好，局部板椽断裂糟朽

前厅木柱被石膏板包裹，改造为罗马柱，后加木板条吊顶

西院前院西厢房木檩糟朽断裂

西院过厅木檩弯曲变形

西院配房部分木檩为后期添配，原木檩糟朽霉变

西院后院西厢房北侧坍塌，木檩断裂

西院后院上房位置临时增加抱厦，梁规格过小

地下一层廊架大部分霉变糟朽

前厅后加木板条吊顶，板椽糟朽断裂

东院前院东厢房楼板檩糟朽霉变

东院过厅梁架板椽糟朽，瓦件霉变泛碱

东院配房梁架保存较好，部分木檩霉变糟朽

东院后院东厢房木檩糟朽断裂

东院上房现存明间两侧梁架均为后期改造

东院上房后期新建北侧厨房，采用混凝土结构

地下一层楼板木檩大面积受潮霉变、糟朽

第二章　现状实测图

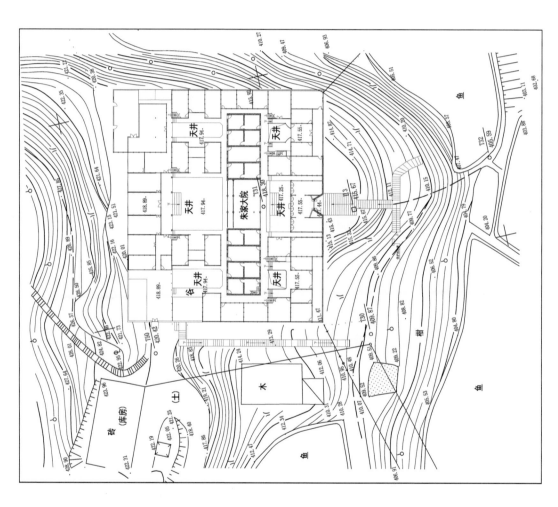

朱婓大院地形图

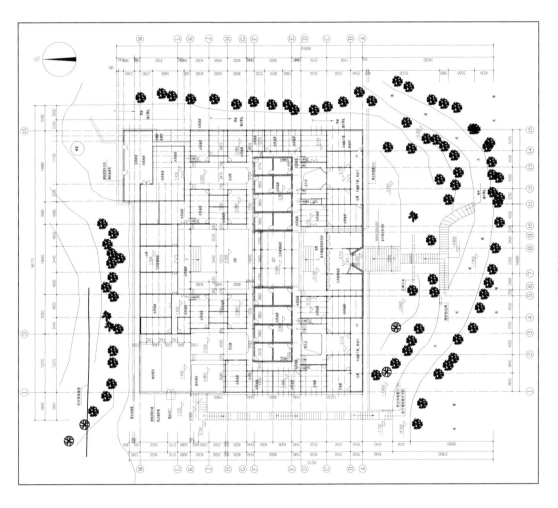

现状总平面图

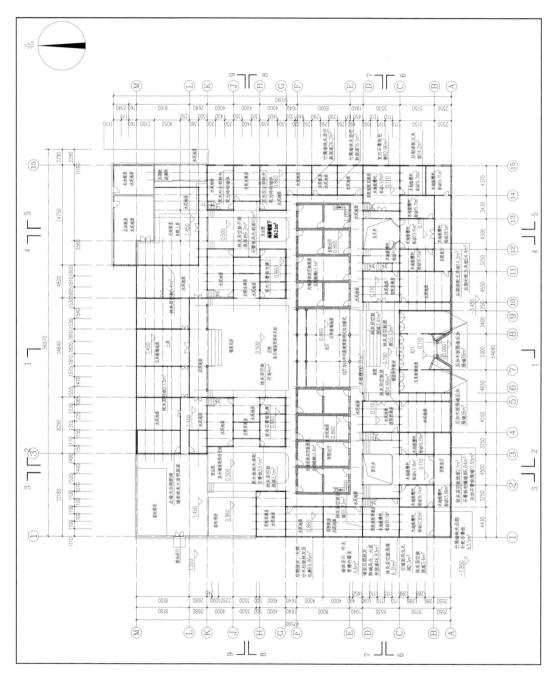

地面、墙体现状图

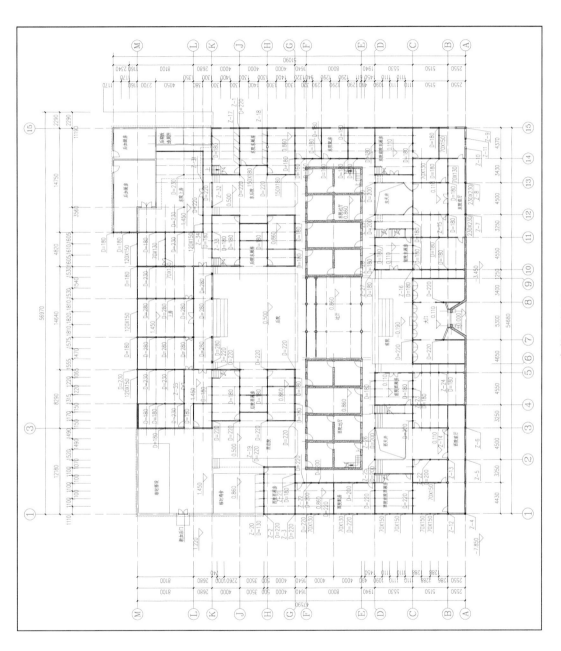

木柱现状图

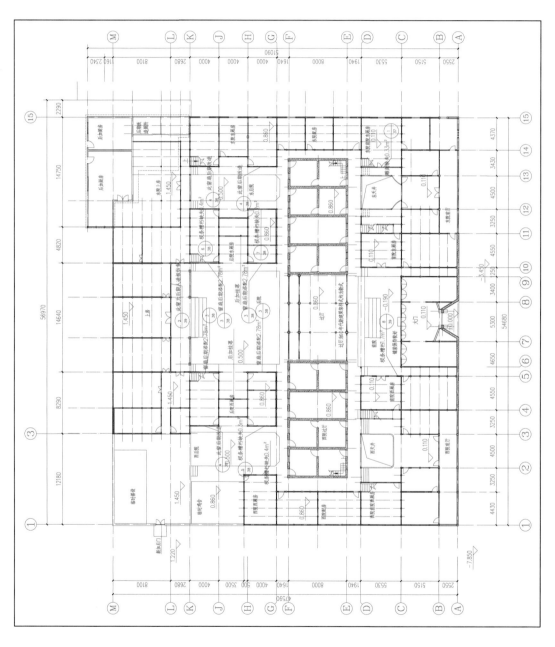

门窗现状图

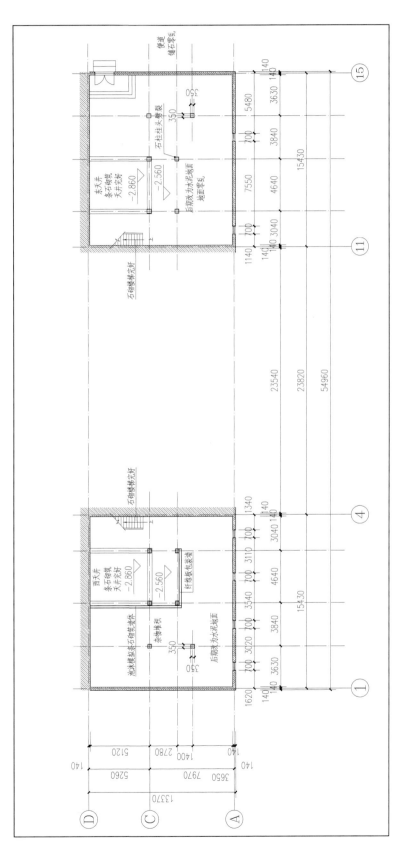

夹层平面图

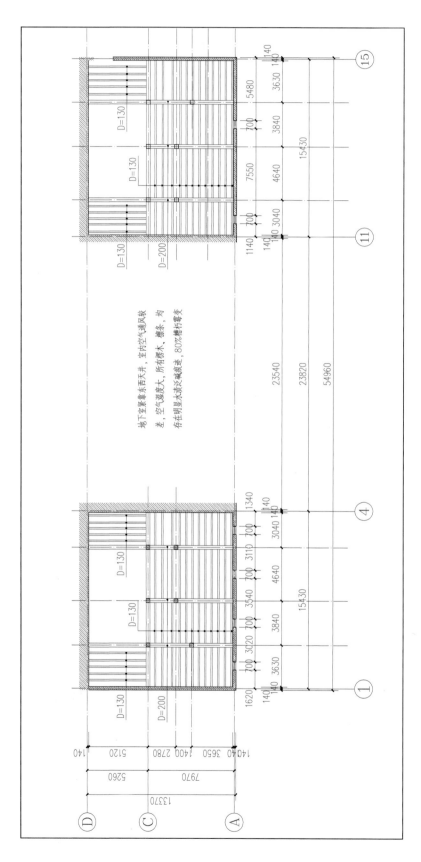

夹层楼板板木檩现状图

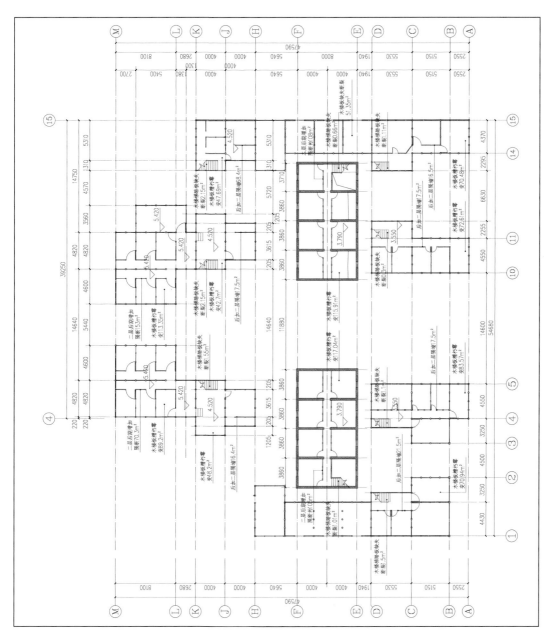

地下一层平面图

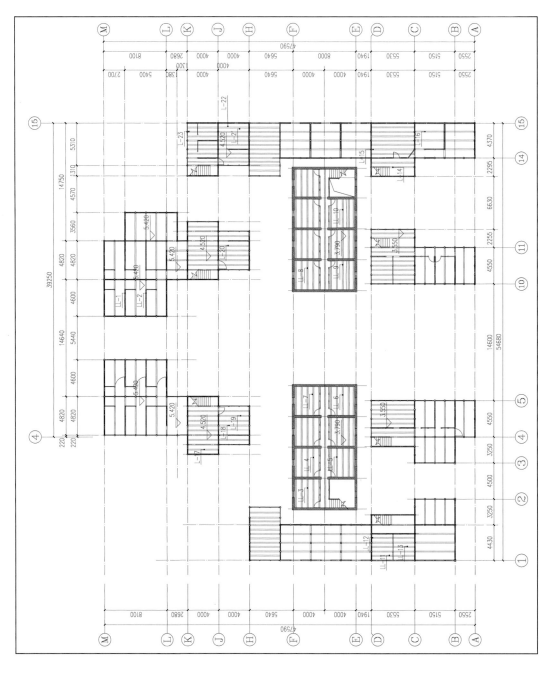

地下一层楼板檩、椽木现状图

142

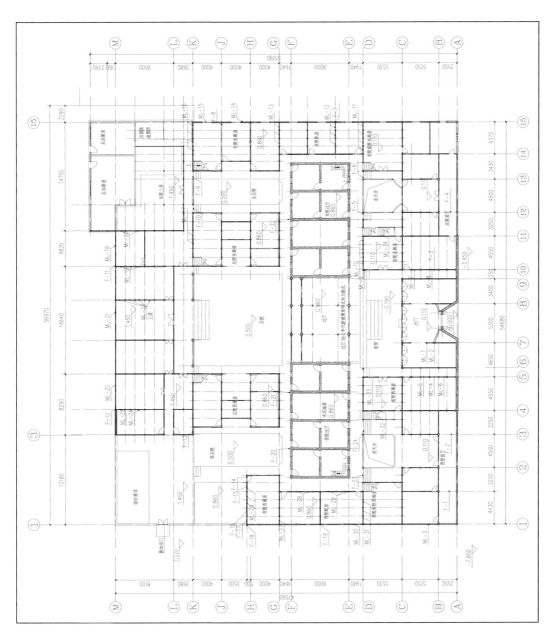

木梁、穿枋现状图

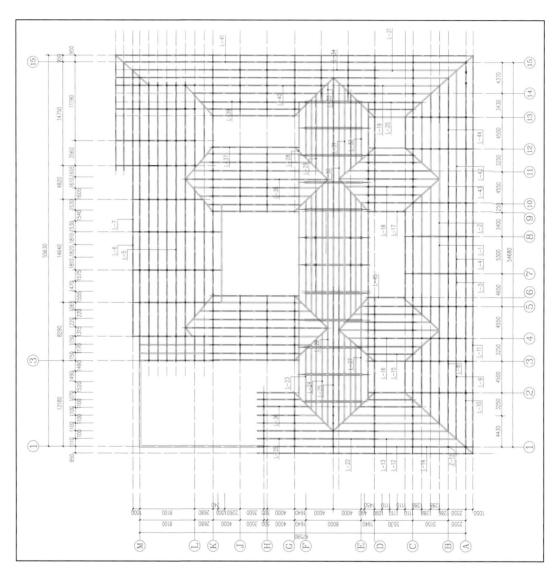

屋顶木檩现状图

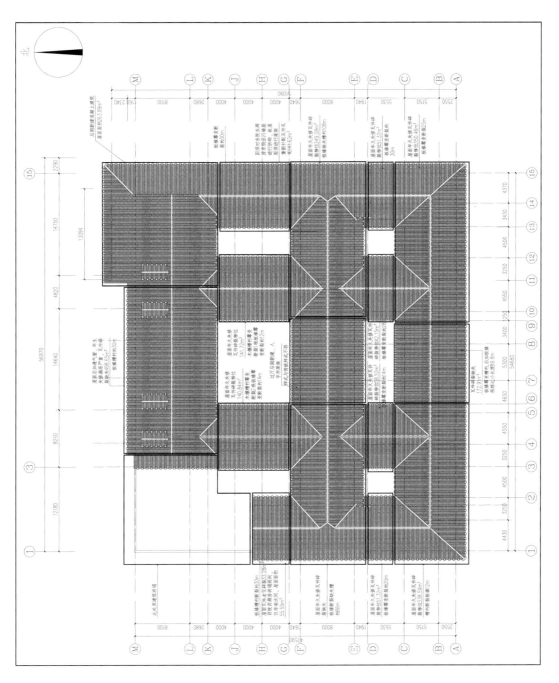

屋顶俯视图

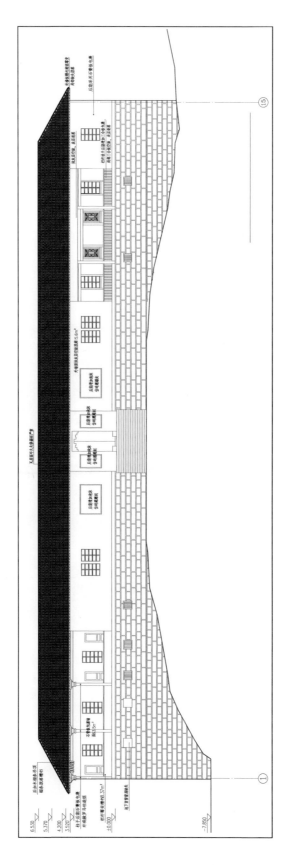

南立面图

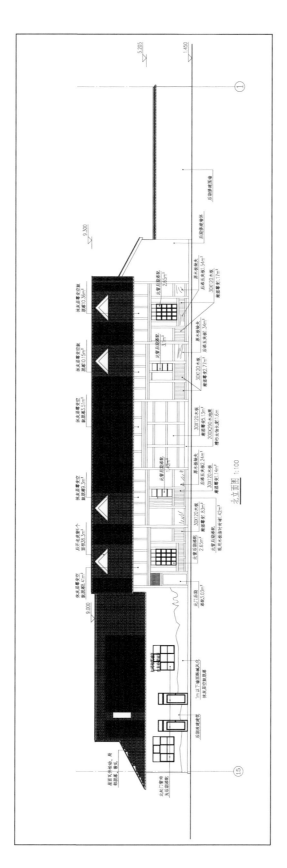

北立面图

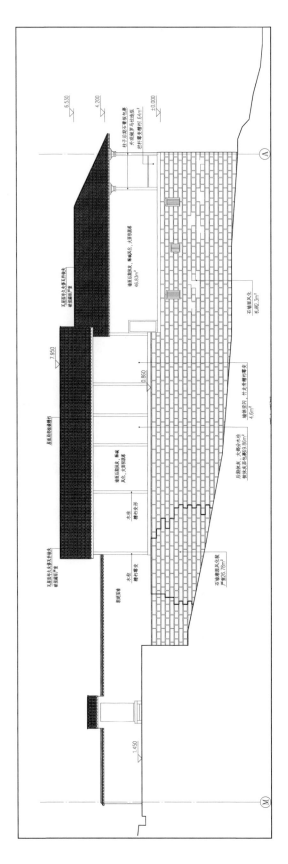

西立面图

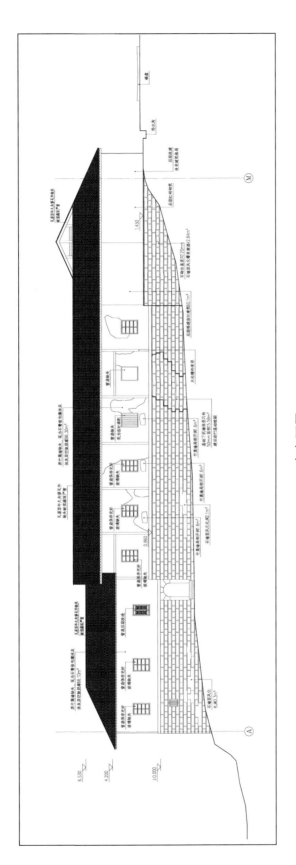

东立面图

1—1 剖面图

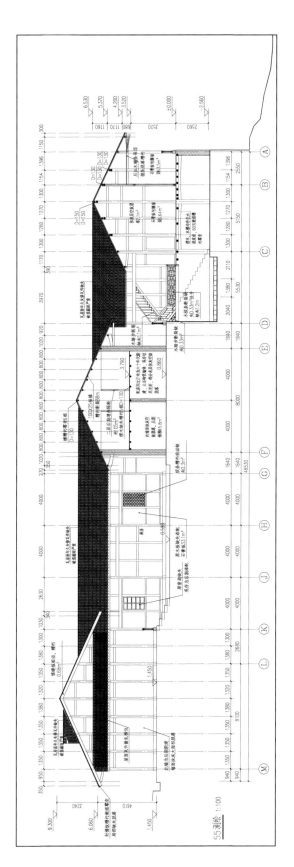

2—2剖面图

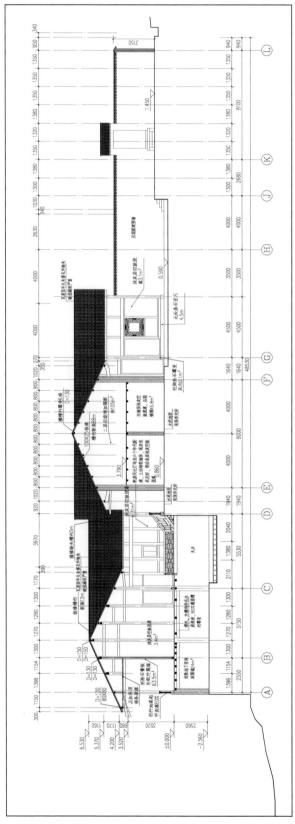

3—3 剖面图

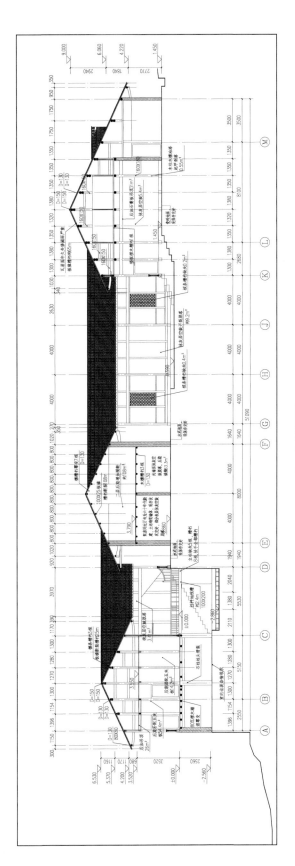

4—4剖面图

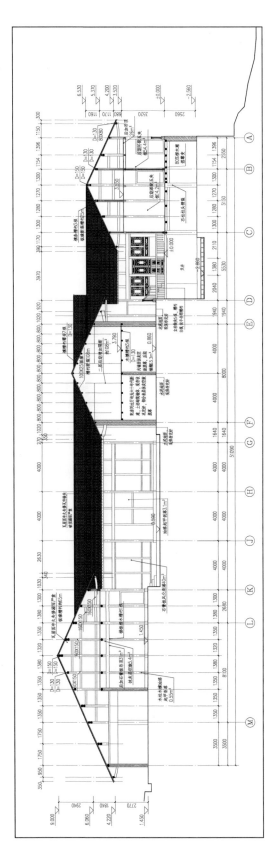

5—5 剖面图

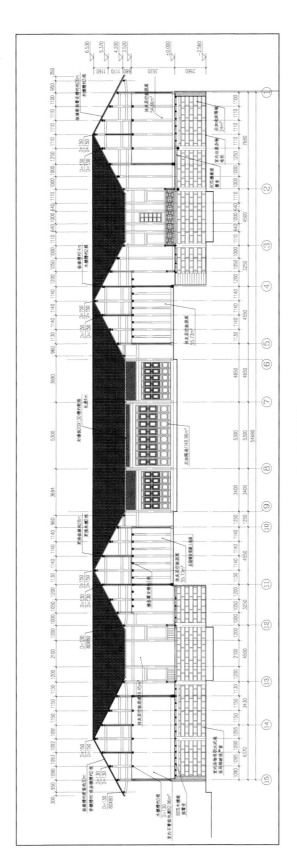

6—6 剖面图

7—7 剖面图

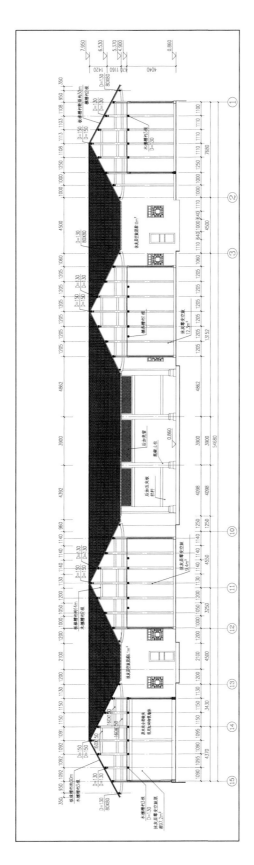

8—8剖面图

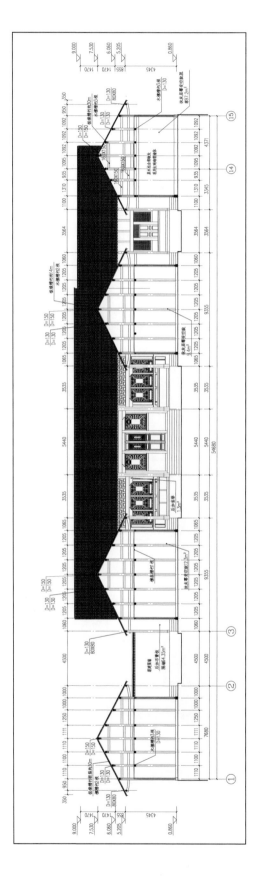

9—9 剖面图

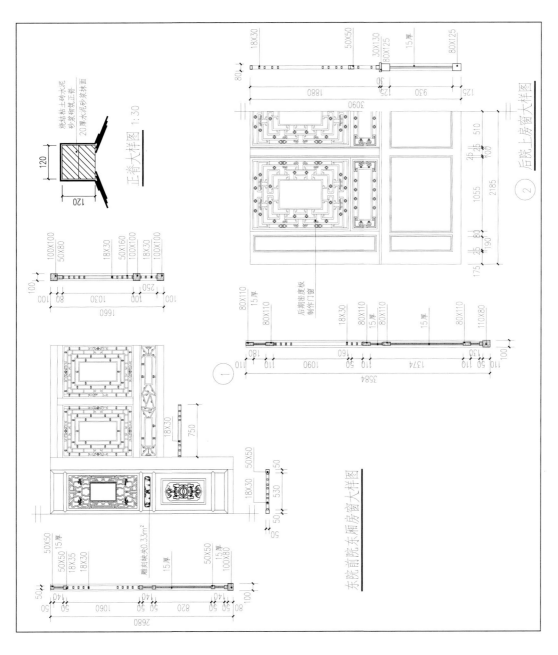

节点详图一

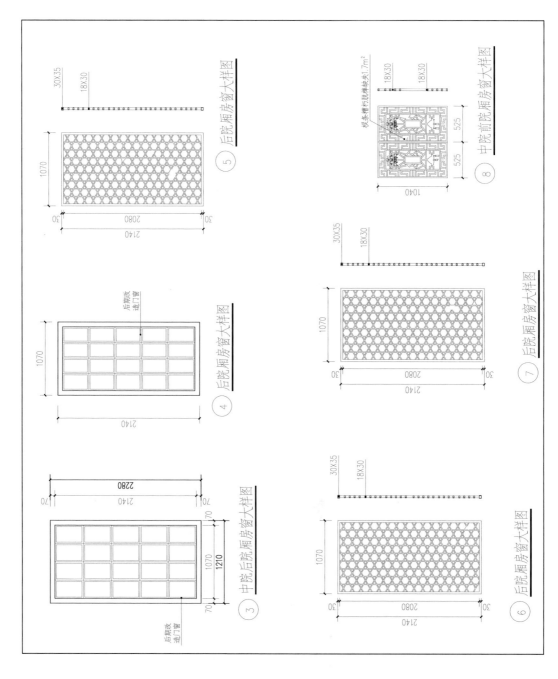

节点详图二

设计篇

第一章　设计目的与原则

因保护范围现未公布，依据院落周边情况，本工程范围：南至公路北侧，北至北侧新建挡墙，西至西侧游路西边沿，东至东侧游路东边沿。总面积5549平方米。此次设计方案针对朱家大院的文物本体进行保护性修缮，总建筑面积3606.98平方米。疏通排水设施，对文物周边相关环境进行整治，整治面积2285平方米。

此次设计方案为了更好地保护重庆朱家大院的文物建筑，使其能"延年益寿"，同时便于管理、环境舒适、合理展示利用，为保护文物本体和开发文物价值而服务。

坚持保护文物的真实性和完整性，坚持依法和科学保护，正确处理经济社会发展与文化遗产保护的关系，统筹规划、分类指导、突出重点、分步实施。

遵循《中华人民共和国文物保护法》对不可移动文物进行修缮、保养、迁移，必须遵守"不改变文物原状的原则"；尽可能减少对文物本体的最小干预，尽最大可能利用原材料，保存原有构件，使用原工艺，延续文物的历史信息和时代特征。

第二章　设计思路

1. 周边环境

采用条石砌筑北侧山体护坡，排除安全隐患；清理东门外垃圾、杂物，重新整修归安道路铺石（1200 毫米 ×600 毫米 ×150 毫米）；清理疏通南、北侧排水明沟，保持排水通畅。北围墙保存现状，清理周围垃圾，碾盘保存现状。

1.1 环境保护措施

南侧：保持现状。

西侧：保持现状。

北侧：平整土坡，砌筑挡土墙。

东侧：清理地面垃圾杂物。

1.2 墙体保护措施

对风化程度严重的石墙进行掏补加固；对东侧歪闪下沉墙体进行基础检测，确保安全后可进行拆砌加固，否则应进行基础加固；拆除所有后期添配石膏板、五夹板等墙面，恢复竹篾墙、木板墙（15 毫米厚）。拆除霉变木板墙，重新添配（15 毫米厚）；铲除空鼓脱落抹灰层重新抹面。

南侧：拆除石膏板、防震雕刻、铲除空鼓脱落抹灰层重新抹面。

西侧：铲除空鼓脱落抹灰层重新抹面；拆除歪闪墙体重新砌筑；挖补风化石墙。

北侧：拆除霉变木板、五夹板重新添配；铲除空鼓脱落抹灰层重新抹面；拆除后加门窗添配木板隔墙。

东侧：拆除石膏板、拆除歪闪墙体重新砌筑；添补墙体孔洞；对歪闪石墙进行拆砌。

1.3 散水地面保护措施

南侧：归整添配散乱缺失条石、重新铺设片石散水

西侧：清理游路青苔、重新铺设片石散水

北侧：拆除混凝土重新铺设片石散水

东侧：重新添配条石便道、重新铺设片石散水

1.4 排水保护措施

南侧：疏通排水沟。

西院：疏通排水沟。

北侧：疏通排水沟，重新砌筑13米。

东院：疏通排水沟。

1.5 院内铺装保护措施

拆除下沉地面重新铺装。

2. 建筑本体保护措施

2.1 中院建筑保护措施

（1）地面现状调查

一层地面

拆除后期铺设五夹板地面，室内上房次间采用木地板铺设，其他房间室内采用400毫米×400毫米×25毫米仿古砖铺墁；室外屋檐下台明处采用80毫米厚旧石条重新

铺墁；拆除糟朽起翘木地板，检修重新添配 40 毫米厚木地板。

中院大门：拆除现存地面，仿古砖重新铺墁。

中院前院西厢房：拆除现存地面，仿古砖重新铺墁。

中院前院东厢房：拆除现存地面，仿古砖重新铺墁。

中院过厅：拆除现存地面，仿古砖重新铺墁。

中院后院西厢房：拆除现存地面，仿古砖重新铺墁。

中院后院东厢房：拆除现存地面，仿古砖重新铺墁。

中院上房：拆除现存地面，重新铺设仿古砖、木地板。

二层地面

拆除糟朽木楼板、楼梯踏板重新添配，整修松动起翘踏板（40 毫米厚）。

中院前院西厢房：更换霉变糟朽楼板、添配缺失断裂踏板。

中院前院东厢房：更换霉变糟朽楼板、添配缺失断裂踏板。

中院后院西厢房：更换霉变糟朽楼板、添配缺失断裂踏板。

中院后院东厢房：更换霉变糟朽楼板、添配缺失断裂踏板。

中院上房：更换霉变糟朽楼板。

（2）墙体保护措施

对风化程度严重的石墙进行掏补加固；对东侧歪闪下沉墙体进行基础检测，确保安全后可进行拆砌加固，否则应进行基础加固；拆除所有后期添配石膏板、五夹板等墙面，恢复竹篾墙、木板墙（15 毫米厚）。拆除所有二层后加隔墙，恢复原建筑格局；拆除霉变木板墙，重新添配（15 毫米厚）；铲除空鼓脱落抹灰层重新抹面。

中院大门：拆除后加木质隔墙。

中院前院西厢房：铲除抹霉变糟朽抹灰层重新抹面，拆除糟朽木板重新添配。

中院前院西厢房二层隔墙：拆除后加木隔墙。

中院前院东厢房：除抹霉变糟朽抹灰层重新抹面。

中院前院东厢房二层隔墙：拆除后加木隔墙。

中院后院西厢房：拆除石膏板添配木板，铲除空鼓脱落抹灰层重新抹面。

中院后院西厢房二层隔墙：拆除后加木隔墙。

中院后院东厢房：拆除石膏板添配木板，铲除空鼓脱落抹灰层重新抹面。

中院后院东厢房二层隔墙：拆除后加木隔墙。

中院上房：铲除空鼓脱落抹灰层重新抹面。

中院上房二层隔墙：拆除后加木隔墙。

（3）屋面保护措施

所有屋面揭瓦，检修板椽、梁架，拆除后加规格过小、霉变板椽，重新添配；拆除所有正脊，更换添配碎裂缺失瓦件，重新瓦瓦。

中院大门：屋面揭瓦检修板椽，添配更换缺失碎裂瓦件，更换霉变板椽，重新瓦瓦。

中院前院西厢房：屋面揭瓦检修板椽，添配更换缺失碎裂瓦件，更换霉变断裂板椽，重新瓦瓦。

中院前院东厢房：屋面揭瓦检修板椽，添配更换缺失碎裂瓦件，更换霉变断裂板椽，重新瓦瓦。

中院后院西厢房：屋面揭瓦检修板椽，添配更换缺失碎裂瓦件，更换霉变断裂板椽，重新瓦瓦。

中院后院东厢房：屋面揭瓦检修板椽，添配更换缺失碎裂瓦件，更换霉变断裂板椽，重新瓦瓦。

中院上房：屋面揭瓦检修板椽，添配更换缺失碎裂瓦件，更换霉变断裂板椽，重新瓦瓦。

所有现存屋面正脊：拆除所有屋面正脊，按当地传统样式恢复。

（4）门窗装饰保护措施

拆除所有后加门窗、挂落、雀替等装饰构件，拆除墙面泡沫雕刻，恢复原建筑风貌。拆除后期改造门窗，恢复原门窗样式，所有外墙窗内侧增加防盗窗。

中院大门：拆除后加隔扇、拆除糟朽封檐板重新添配。

中院前院西厢房：拆除劈裂糟朽窗棂重新添配。

中院前院东厢房：拆除劈裂糟朽窗棂重新添配。

中院过厅：拆除后加挂落。

中院后院西厢房：拆除后加挂落，重新添配窗扇参照详图11。

中院后院东厢房：拆除后加挂落，重新添配窗扇参照详图11。

中院上房：拆除雀替，补配窗扇参照详图。

2.2 西院建筑现状调查

（1）地面现状调查

a. 一层地面

拆除后期铺设五夹板地面，室内上房次间采用木地板铺设，其他房间室内采用400毫米×400毫米×25毫米仿古砖铺墁；室外屋檐下台明处采用80毫米厚旧石条重新铺墁；拆除糟朽起翘木地板，检修重新添配40毫米厚木地板。

西院前厅：更换霉变糟朽楼板。

西院前院西厢房：更换霉变糟朽楼板。

西院中厅：拆除现存地面，仿古砖重新铺墁。

西院配房：拆除现存地面，仿古砖重新铺墁。

西院后院西厢房：拆除现存地面，仿古砖重新铺墁。

b. 二层地面

拆除糟朽木楼板、楼梯踏板重新添配，整修松动起翘踏板（40毫米厚）。

西院前厅：更换霉变糟朽楼板、添配缺失断裂踏板。

西院前院西厢房：更换霉变糟朽楼板、添配缺失断裂踏板。

西院中厅：更换霉变糟朽楼板、添配缺失断裂踏板。

西院配房：添配缺失楼板。

c. 地下一层地面

清理地面垃圾杂物，拆除水泥地面，恢复400毫米×200毫米×1200毫米条石铺墁。

西院地下室：拆除水泥地面，条石重新铺墁。

（2）墙体保护措施

对风化程度严重的石墙进行掏补加固；对东侧歪闪下沉墙体进行基础检测，确保安全后可进行拆砌加固，否则应进行基础加固；拆除所有后期添配石膏板、五夹板等墙面，恢复竹篾墙、木板墙（15毫米厚）。拆除所有二层后加隔墙，恢复原建筑格局；拆除霉变木板墙，重新添配（15毫米厚）；铲除空鼓脱落抹灰层重新抹面。

西院前厅：拆除石膏板添配木板，铲除空鼓脱落抹灰层重新抹面。

西院前厅二层隔墙：拆除后加木隔墙。

西院前院西厢房：铲除空鼓脱落抹灰层重新抹面。

西院中厅：铲除空鼓脱落抹灰、裱糊，重新抹面。

西院中厅二层隔墙：拆除后加木隔墙。

西院配房：铲除空鼓脱落抹灰层重新抹面。

西院后院西厢房：铲除空鼓脱落抹灰层重新抹面。

（3）屋面保护措施

所有屋面揭瓦，检修板椽、梁架，拆除后加规格过小、霉变板椽，重新添配；拆除所有正脊，更换添配碎裂缺失瓦件，重新瓦瓦。

西院前厅：屋面揭瓦检修板椽，添配更换缺失碎裂瓦件，更换霉变断裂板椽，重新瓦瓦。

西院前院西厢房：屋面揭瓦检修板椽，添配更换缺失碎裂瓦件，更换霉变断裂板椽，重新瓦瓦。

西院配房：屋面揭瓦检修板椽，添配更换缺失碎裂瓦件，更换霉变断裂板椽，重新瓦瓦。

西院中厅：屋面揭瓦检修板椽，添配更换缺失碎裂瓦件，更换霉变断裂板椽，重新瓦瓦。

西院后院西厢房：屋面揭瓦检修板椽，添配更换缺失碎裂瓦件，更换霉变断裂板椽，重新瓦瓦。

所有现存屋面正脊：拆除所有屋面正脊，按当地传统样式恢复。

（4）门窗装饰保护措施

拆除所有后加门窗、挂落、雀替等装饰构件，拆除墙面泡沫雕刻，恢复原建筑风貌。拆除后期改造门窗，恢复原门窗样式，所有外墙窗内侧增加防盗窗。

西院前厅：拆除室内吊顶；补配缺失糟朽楞条扶手。

西院中厅：嵌补糟朽栏板。

西院后院西厢房：补配缺失糟朽楞条。

2.3 东院建筑现状调查

（1）地面现状调查

一层地面现状调查

拆除后期铺设五夹板地面，室内上房次间采用木地板铺设，其他房间室内采用400毫米×400毫米×25毫米仿古砖铺墁；室外屋檐下台明处采用80毫米厚旧石条重新铺墁；拆除糟朽起翘木地板，检修重新添配40毫米厚木地板。

东院前厅：更换霉变糟朽楼板。

东院前院东厢房：更换霉变糟朽楼板。

东院中厅：拆除现存地面，仿古砖重新铺墁。

东院配房：拆除现存地面，仿古砖重新铺墁。

东院后院东厢房：拆除现存地面，仿古砖重新铺墁。

东院上房：拆除现存地面，仿古砖重新铺墁。

二层地面

拆除糟朽木楼板、楼梯踏板重新添配，整修松动起翘踏板（40毫米厚）。

东院前厅：更换霉变糟朽楼板、添配缺失断裂踏板。

东院前院东厢房：更换霉变糟朽楼板、添配缺失断裂踏板。

东院中厅：更换霉变糟朽楼板、添配缺失断裂踏板。

东院配房：添配缺失楼板。

东院后院东厢房：更换霉变糟朽楼板、添配缺失断裂踏板。

地下一层地面

清理地面垃圾杂物，拆除水泥地面，恢复400毫米×200毫米×1200毫米条石铺墁。

东院地下室：拆除水泥地面，条石重新铺墁。

（2）墙体保护措施

对风化程度严重的石墙进行掏补加固；对东侧歪闪下沉墙体进行基础检测，确保安全后可进行拆砌加固，否则应进行基础加固；拆除所有后期添配石膏板、五夹板等墙面，恢复竹篾墙、木板墙（15毫米厚）。拆除所有二层后加隔墙，恢复原建筑格局；拆除霉变木板墙，重新添配（15毫米厚）；铲除空鼓脱落抹灰层重新抹面。

东院前厅：拆除五夹板墙体。

东院前厅二层隔墙：拆除后加木隔墙。

东院前院东厢房：拆除石膏板重新添配竹篾墙。

东院前院东厢房二层隔墙：

东院中厅：铲除空鼓脱落抹灰、裱糊，重新抹面。

东院中厅二层隔墙：拆除后加木隔墙。

东院配房：拆除红砖墙体重新添配竹篾墙。

东院后院东厢房：拆除红砖墙体重新添配竹篾墙，拆除石膏板重新添配木板墙。

东院上房：铲除空鼓脱落抹灰重新抹面。

（3）屋面保护措施

所有屋面揭瓦，检修板椽、梁架，拆除后加规格过小、霉变板椽，重新添配；拆除所有正脊，更换添配碎裂缺失瓦件，重新瓦瓦。

东院前厅：屋面揭瓦检修板椽，添配更换缺失碎裂瓦件，更换霉变断裂板椽，重新瓦瓦。

东院前院东厢房：屋面揭瓦检修板椽，添配更换缺失碎裂瓦件，更换霉变断裂板椽，重新瓦瓦。

东院中厅：屋面揭瓦检修板椽，添配更换缺失碎裂瓦件，更换霉变断裂板椽，重新瓦瓦。

东院配房：屋面揭瓦检修板椽，添配更换缺失碎裂瓦件，更换霉变断裂板椽，重新瓦瓦。

东院后院东厢房：屋面揭瓦检修板椽，添配更换缺失碎裂瓦件，更换霉变断裂板椽，重新瓦瓦。

所有现存屋面正脊：拆除所有屋面正脊，按当地传统样式恢复。

（4）门窗装饰保护措施

拆除所有后加门窗、挂落、雀替等装饰构件，拆除墙面泡沫雕刻，恢复原建筑风貌。拆除后期改造门窗，恢复原门窗样式，所有外墙窗内侧增加防盗窗。

东院前厅：整修栏杆，拆除后加吊顶，补配扶手。

东院前院东厢房：重新添配栏杆15.56米，补配缺失雕刻参照详图4。

东院中厅：嵌补槽朽栏板。

东院配房：拆除石膏板，补配门窗参照详图 6。

东院后院东厢房：添配缺失窗扇。

2.4 梁架保护措施

（1）柱子保护措施

对糟朽霉变较严重及柱头、柱中糟朽木柱进更换；柱根处糟朽进行墩接加固；劈裂裂缝进行嵌补加固。对劈裂石柱采用 50 毫米 ×5 毫米铁箍加固进行加固。

Z-1 ~ 4：墩接柱根。

Z-5：托梁换柱更换木柱。

Z-6 ~ 10：墩接柱根。

Z-11、12：托梁换柱更换木柱。

Z-13 ~ 16：屋面落架添配木柱。

Z-17 ~ 23：墩接柱头。

Z-24 ~ 29：增加木柱。

石柱：50 毫米 ×5 毫米铁箍加固 2 道。

（2）木梁、木枋保护措施

拆除大门西侧糟朽五架梁 D=250 毫米、三架梁 D=200 毫米，重新添配；拆除糟朽穿枋（150 毫米 ×160 毫米），按原规格重新添配。对所有糟朽、变形地梁（100 毫米×160 毫米）进行拆除，并重新添配。

木梁

ML-1 ~ 17：整修归位地梁。

F-1 ~ 4：拆除糟朽霉变构件重新添配。

F-5、6：重新添配缺失构件。

（3）木檩保护措施

屋面揭瓦，检修所有木檩，拆除糟朽霉变断裂木檩，重新添配。

楼板檩

LL-1 ~ 13：拆除糟朽木檩重新添配。

LL-14、15：增加楞木一根。

屋面檩

L–1 ～ 21：拆除糟朽木檩重新添配。

L–22 ～ 63：拆除糟朽木檩、随檩枋重新添配。

第三章　主要技术措施及要求

1. 地面

应以测绘现状图，作为修复设计和施工的依据。

不得任意抬高路面、室内地面的高度等。

需拆移的陈设（如匾联、盆景等）和建筑附属物，竣工后应恢复原状。

严格按图纸设计和要求进行施工，不得随意改变设计。

新添配的条石应选用当地旧石板，规格与原地面条石规格一致。材料不足时在当地选用新石料加工，尺寸、规格与原地面条石规格一致，表面砍磨做旧，与旧条石色感一致，并使用在隐蔽部位。

室内铺装须等布展方案确定后，配合布展方案实施。

2. 墙体

古建筑墙壁的维修，应根据其构造和残损情况采取修整或加固措施。修补、加固时，不得改变墙壁的结构、外观，质感以及各部分的尺寸。

拆砌石墙时，按下列要求实施：

（1）清理和拆卸残墙时，应将石构件逐层揭起，分类码放；砌筑时，应保持原墙尺寸和式样，并宜利用原件。

（2）补配石墙时，按原墙壁的构造、尺寸和做法，以及丁、顺砖的组合方式砌筑。

（3）对剔凿挖补或拆砌外皮墙体，做到新旧砌体咬合牢固，外观保持原样。

补配石墙时，应选用建筑本体材质、色泽相同材料，如采购困难，亦可用色泽相近砂岩代替；施工工艺应与原形制保持一致。

补配竹篾墙时，应按下列要求实施：

（1）选取竹子时，宜在冬季进行，不可选用竹龄一二年的新竹，以生长三年至四年的竹子为宜。

（2）劈篾要洗干净竹子、绞平节疤。劈篾十分讲究技巧、手和刀要成一条线、双手用力要均衡。为了防蛀、防霉、还须进行高温煮篾。

（3）竹篾编织采用一挑一编法，先将龙骨（8毫米×30毫米木条）沿竹篾墙边框排列好，间距200毫米，竹篾以1/1编织法，一条竹篾在上，一条竹篾在下的交织。

木板墙的补配应尽量选用原材料，木板在使用前应仔细检查，剔除糟杇、虫蛀、劈裂及其他创伤断纹等瑕疵。木板长、宽按框心净空尺寸加裁口量，厚15～20毫米。每块板的两边均做企口榫，竖向对拼安装。

内墙抹灰修补范围应铲除到黏结牢固、密实的抹灰范围，将新旧抹灰的接缝放在墙角和原墙面的分缝处，在新旧接缝处对旧灰层一定要斩成凹进去的"八"字形，并用较硬的砂浆对基层填塞密实。

重新抹灰的墙面，其材料配比按设计要求，墙的色泽和质感应与原墙一样，新旧接缝处应平整、密实、牢固。

3. 屋面

屋面揭顶之前，应对木构架采取安全支撑保护措施，检查确实安全后，方可施工。

屋面揭瓦亮椽应按下列要求实施：

（1）屋面揭顶之前，应对木构架采取安全支撑保护措施，检查确实安全后，方可施工。

（2）拆卸瓦件、脊饰前，应对垄数、瓦件、脊饰.底瓦搭接等做好记录。

（3）瓦时，根据勘查记录铺瓦件，并使用原瓦件；新添配的瓦件，必须与原瓦件规格。色泽一致，且尽量使用在暗处。

屋面维修应在遵循原结构层的原材质，施工工艺、手法保持一致，瓦件搭接压七露三。

拆除更换糟杇、腐烂严重板椽，添配时尽可能选用相同材质，施工工艺应与原形制保持一致。

屋面活荷载取值为 0.5KN/m²。

依据对朱家大院现场和巴南区周边文物建筑彭家大院屋面做法的进一步调研，从建筑本身的安全性和后期展示利用等多方面考虑，在屋面增加望板和防水层，以增强稳定性和防水、防潮效果。

4. 木构架

应先检查屋架是否倾斜、歪闪，根据变形程度采取打牮拨正的方法，将木构架校正为原始位置，校正标准后须立即对木构架进行整体支撑加固，检查安全后，方可施工。当柱身糟朽大于柱径 1/3，明柱根部损坏高度不大于层高 1/5，暗柱根部损坏高度不大于层高 1/3 时，应采取墩接措施。超过此比例者应酌情更换。

对于局部开裂但不影响正常使用的檩条，可选用同等干燥材质木条镶缝，再用铁箍予以加固；其余糟朽、腐烂、变形严重的檩条予以重新制作替换。在修复中如发现隐蔽处有残缺的构件，根据现状另行设计制作安装。所有新添配的木构件需做好防虫防腐处理。

需要更换的木柱，施工前应做好上部木构架的支撑和防护工作，以免对文物造成二次损坏。

木构架添配时尽可能选用与原构件相同材质的落叶松、樟子松，柱、梁、檩为落叶松，其余用樟子松。

木材的含水率是影响木构件性能的重要因素，作为受力构件的木材应严格控制含水率，达不到要求应用人工干燥法进行处理。其含水率不应大于 15%。

所有木构架及木基层生桐油防腐二遍，表面刷深褐色一底二油醇酸调和漆。

楼面活荷载，取值暂为 2.5KN/m²。

5. 木装修

对具有历史、艺术价值的残件应照原样修补拼接加固或照原样复制。不得随意拆除，移动、改变门窗装修。

修补和添配小部件时，其尺寸、榫卯做法和起线形式应与原构件一致，榫卯应严实，并应加楔、涂胶加固。

对原木装修表面的油饰、漆层应仔细识别，并记入勘查记录中，作为维修设计的依据。

门窗添配时尽可能选用相同材质，添配困难时采用花旗松代替，施工工艺应与原形制保持一致。

6. 大漆

大漆施工应于后期布展时进行，以使木材得到充分干燥。大漆主要材料：生漆、熟桐油（坯油）、熟石膏粉、血料、松香水、颜料、厚漆等。主要施工工艺：

要将物件表面的木刺、油污、胶迹、墨线等一概除净。松动的翘槎应加固或勒除。用1.5号木砂纸打磨，掸净灰尘。

抄底油：色油由熟桐油、松香水，200号溶剂汽油加色配成。加色一般采用可溶性燃料、各色厚漆或氧化系颜料配成。调制后，用80～100目铜筛过滤即可。用旧漆刷施涂，涂色应均匀，涂层宜薄勿厚。

嵌批腻子、打磨：采用有色桐油石膏腻子，搅拌成近似底色即可。其重量配合比约为熟石膏粉：熟桐油：松香水：水：颜料=10：7：1：6适量。操作时，先嵌后批。先搅拌较硬的石膏油腻子将大洞、缝隙等缺陷填平嵌实。干燥后，用1号木砂纸略打磨一下。然后将腻子调稀一些，在物件上满批一遍，对于棕眼较多、较深的木材面，应批刮两遍（一遍批刮后，经干燥打磨后，再批刮第二遍），力求使表面平整。待干燥后，用1号砂纸顺木纹打磨光滑。楞角、边线等处应轻磨，不可将底色磨白。

复补腻子、打磨：用有色桐油石膏腻子，将凹处等缺陷嵌批平整，并收刮清静，不留残余腻子，否则将难以打磨，而且影响木纹的清晰度。待腻子干燥后，用1号木砂纸将复补处打磨光滑，除去灰尘。

上色油（抄油）：用抄底油的色油，在物面上再施涂一遍，上色应均匀，涂层宜薄而均匀。

上色浆：深棕褐色材料要色和酸性金黄加酸性大红加墨汁点滴而制成。这些色料用水溶解后加入适量生血料一起搅拌，用铜筛过滤后，使色料、血料充分分散，混合成均匀的色浆。用油漆刷进行施涂，施涂时必须刷匀。刷这遍色浆的目的是调整其底色泽，不呈腻子疤痕，确保上漆后色泽一致，漆膜丰满、光滑、光亮。

打磨：待色浆干透后，用0号木砂纸打磨，磨去面层颗粒，要求打磨光滑，并掸净灰尘。

罩光漆：由生漆或熟漆加入熟桐油调制而成。施涂顺序是先边角，后平面；先小面后大面。操作时，用通帚醮漆施涂转弯里角，后用牛尾漆刷醮漆施涂平面，再用牛尾抄漆刷抄匀。然后，先用弯把漆刷理匀转弯里角；小平面用牛尾漆刷斜竖推刷匀漆并理直；大面积（指板面或台面）用大号漆刷翘挑生漆纵、横施涂于物面，竖、斜、横交叉反复多次匀漆，将漆液推刷均匀。当目测颜色均匀，而施涂时感到发黏费力时，可用毛头平整而细软的理漆刷顺木纹方向理顺理通，使整个漆面均匀、丰满、光亮。

干燥：由于光漆中的主要成分是生漆，而生漆的干燥则由气候条件决定，其最佳干燥条件：温度25度±5度，相对湿度80%±5%。

第四章 主要工程做法

1. 地面工程做法

石条铺墁：拆除后加面层（五夹板、水泥地面），清理整治原地面基层，150 毫米厚三七灰土，30 毫米厚白灰砂浆坐底，80 毫米厚旧石条（地下室 200 毫米 ×400 毫米 ×1200 毫米条石铺墁）重新铺墁。

仿古砖铺墁：拆除后加面层（五夹板、水泥地面），清理整治原地面基层，150 毫米厚三七灰土，30 毫米厚白灰砂浆坐底，400 毫米 ×400 毫米 ×25 毫米仿古砖重新铺墁。

片石散水：拆除后加面层（五夹板、水泥地面），清理整治原地面基层，150 毫米厚三七灰土，30 毫米厚白灰砂浆坐底，60 毫米厚片石铺墁。

木地板：150 毫米厚三七灰土，30 毫米厚白灰砂浆坐底抹面压光，80 毫米 ×80 毫米木龙骨（龙骨一端紧靠墙体，另一端与墙体留处 200 毫米空隙透气），40 毫米厚木地板（企口）

2. 墙面抹灰

残损部位铲除到黏结牢固、密实的抹灰范围

清扫粉尘，铲除部位喷水湿润

25 毫米厚稻草泥（体积比，黏土 100∶稻草 20）粗抹灰

10 毫米厚白灰浆（重量比，石灰膏 100∶头发 3）细抹灰

3. 木柱更换

对木柱上部楼面及屋面构架采取加固、支顶措施

拆除木柱及柱根部榫卯

安装木柱（木柱材料、尺寸应与原构件一致，并防腐处理）

上部构件归位

4. 屋面工程做法

180 毫米 ×180 毫米小青瓦合瓦屋面，（瓦件规格在 180 ～ 200 毫米间不等，根据建筑实际需要调整）

聚乙烯丙纶复合防水卷材

20 毫米厚望板

100 毫米 ×40 毫米 240 毫米板椽

屋面檩

5. 木构件防腐

所有木构件均施大漆做防腐处理。

6. 防虫、防白蚁

方案结合重庆巴南地区白蚁类型给出初步方案，具体防治需要请当地的白蚁防治中心对现场进行检测后，对症实施。

根据《木材防虫（蚁）技术规范》（GB/T29399-2012）规定：重庆市的病虫害危害级别为 IV 级（有较多白蚁分布，但因环境而危害不甚严重，甲虫活动较多）。结合重庆地区所处纬度（29° 7′ 44″ ～ 29° 45′ 43″），其存在白蚁类型为台湾乳白蚁，建议采用 CCA 铜铬砷对木材进行防虫处理。监理工程师应进行资格认定和检验认证。

掌握建筑易受虫、白蚁侵袭的部位，根据防治中心要求做出施工设计和安排。

对使用的防虫、防白蚁药剂，应是经过实验、使用，证明符合设计要求，对人、畜、环境、木构件性能均无有害影响的产品。

第五章　施工注意事项

1. 施工材料的选购，一定要按设计方案落实，确保工程质量。

2. 施工时严格按《安全技术操作规程》规范施工。

3. 检查拆除工程的施工准备工作，各项实施情况不到位不得施工。

4. 施工现场周围设置防护、警示设施，杜绝非施工人员进入现场。

5. 脚手架搭设要有足够的牢固性和稳定性，保证施工期间在所规定的荷载作用下或在气候条件的影响下不变形、不摇晃、不倾斜，确保施工安全。脚手架最好采用钢管脚手架。严格按照施工组织设计搭设脚手架，满足堆料、运输、操作和行走的要求。

6. 行人通行道口、出入口设置安全防护通道。

7. 可逆性、可再处理的文物理念。

修缮过程中，坚持修缮过程的可逆性，保证修缮后的可再处理性。尽量选择使用与原构件相同、相近或兼容的材料，使用原有工艺技术及做法，尽可能保留更多的历史信息。

8. 尊重传统、保持地方风格的原则：

地方建筑风格与传统工艺手法，对于研究各地区建筑史和各地区传统建筑工艺具有极高的价值。在修缮过程中应加以识别，尊重传统工艺。保持地方建筑风格的多样性、传统工艺手法的地域性和营造手法的独特性。

9. 注意安全。

安全第一是修缮工程的保障，文物的安全与人员的安全同等重要，施工中应设置防火、防雨设备，设置完善的安全设施，并对施工人员及周围群众做好安全宣传、教育工作，确保人员及文物建筑的安全。文物的生命是不可再生的，施工中应对原有建筑的每一个构件及一砖一瓦视同文物对待，不可随意损坏。对于屋面易损瓦件拆卸时应轻拿轻放，堆放于安全的场所，避免一切不应有的损失。

10. 保障质量。

施工单位应严格按照设计文件和《古建筑修建工程施工与质量验收规范（2008）》等工程验收的各相关规范施工。现场监理人员应及时对隐蔽工程进行验收和档案记录。出现意外情况，应及时通知甲方，会同设计单位共同研究确定处理方案。施工中若发现方案未涉及的问题，施工单位要及时向有关部门报告，未经有关管理部门和设计单位同意，不得擅自施工。

文物修缮的成功与否，关键是质量。施工单位必须选择有相应资质的施工单位，修缮过程中要加强质量意识与管理工作。材料的采购，必须按照部标或国标选择优质产品，严禁以次充好、偷工减料等行为。修缮工艺，施工工序要符合国家古建筑修缮有关质量标准。

11. 资料收集。

拆除过程中对各重要隐蔽部位及其接点应拍照存档，以备修复施工中对照。竣工后施工单位应提交完整的竣工档案资料，并归档保存。

第六章 修缮设计图纸

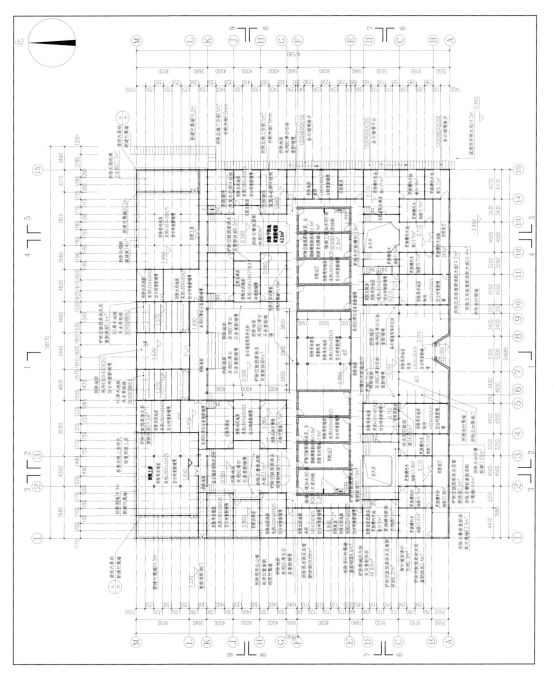

地面、墙体维修图

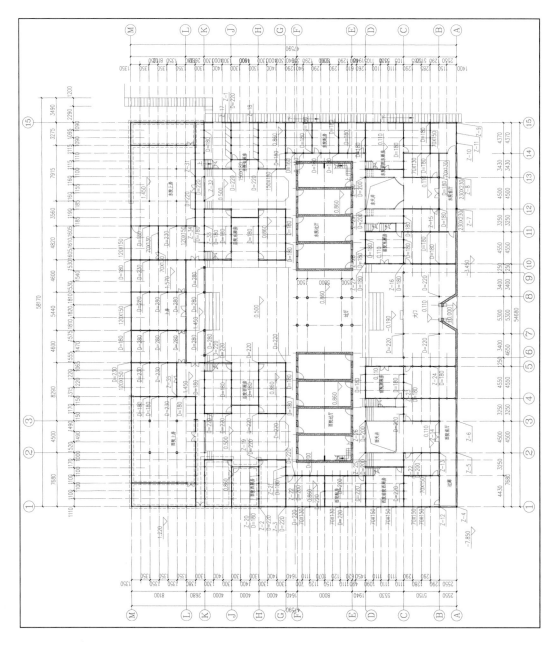

木柱修缮维修图

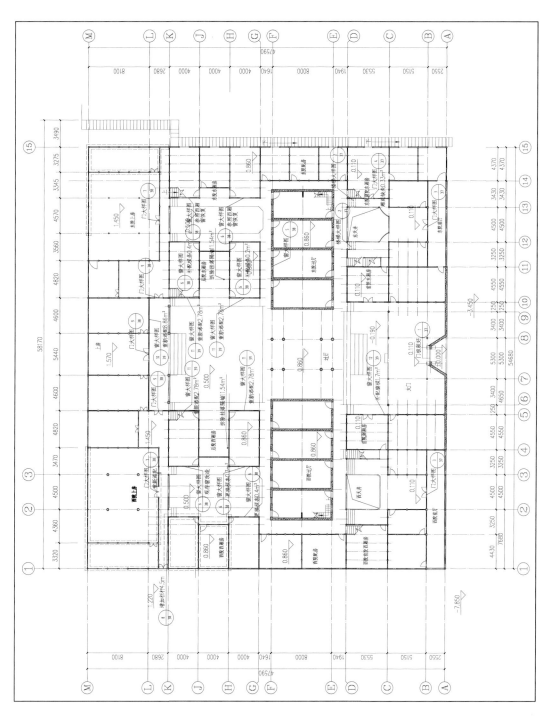

门窗维修图

187

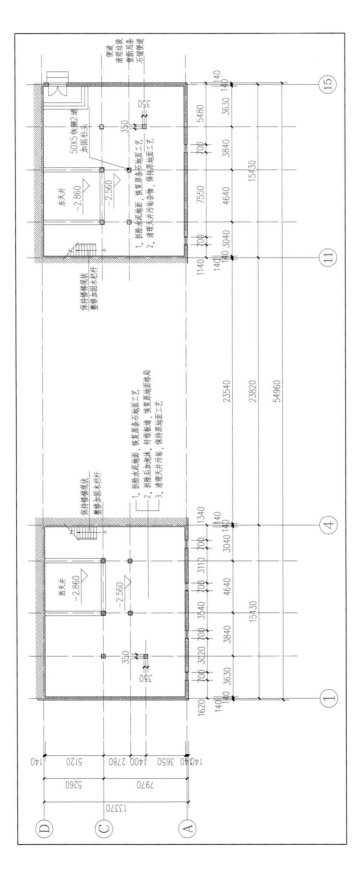

地下一层平面图

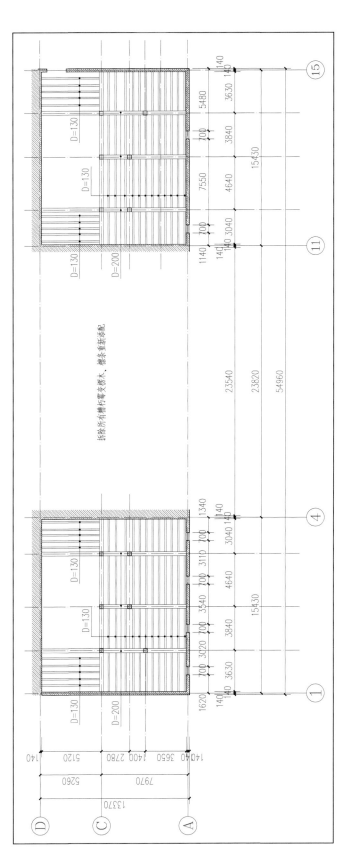

地下一层楼板板檩、楞木维修图

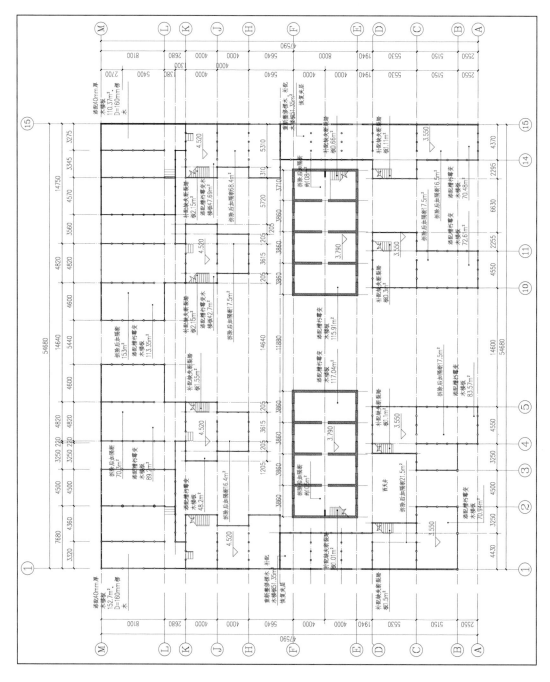

夹层平面图

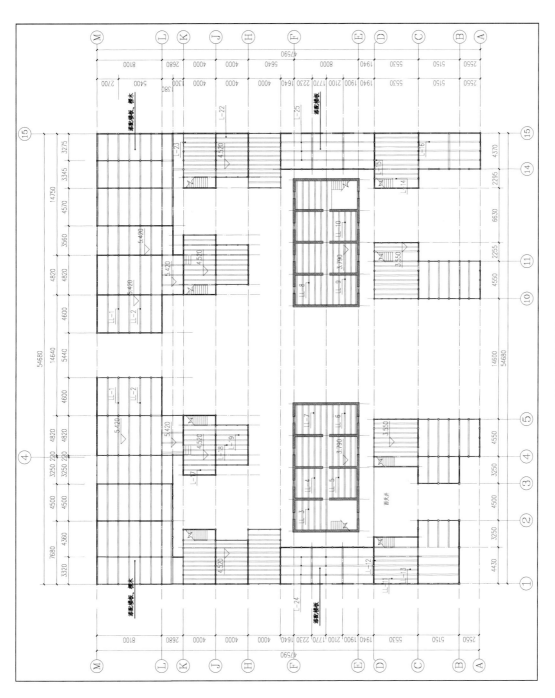

楼板木檩维修图

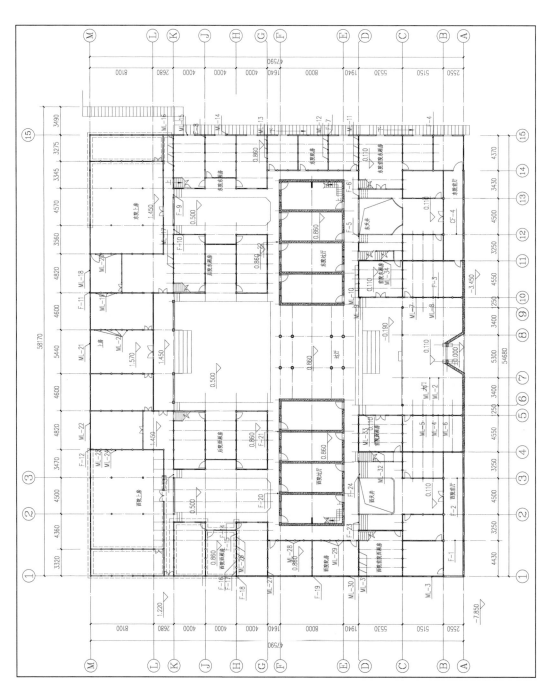

木梁、穿枋维修图

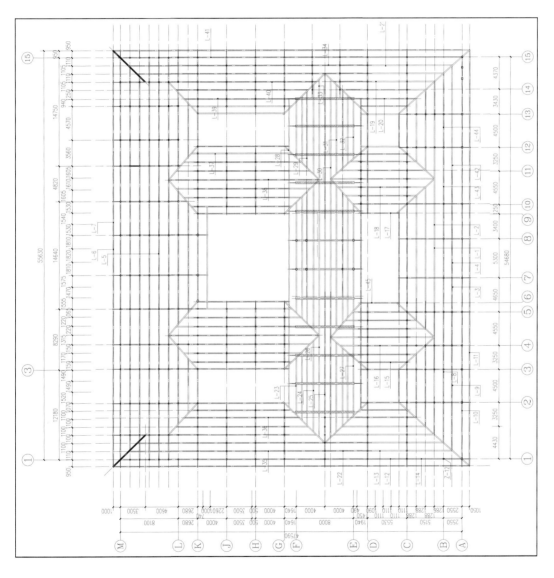

屋面檩维修图

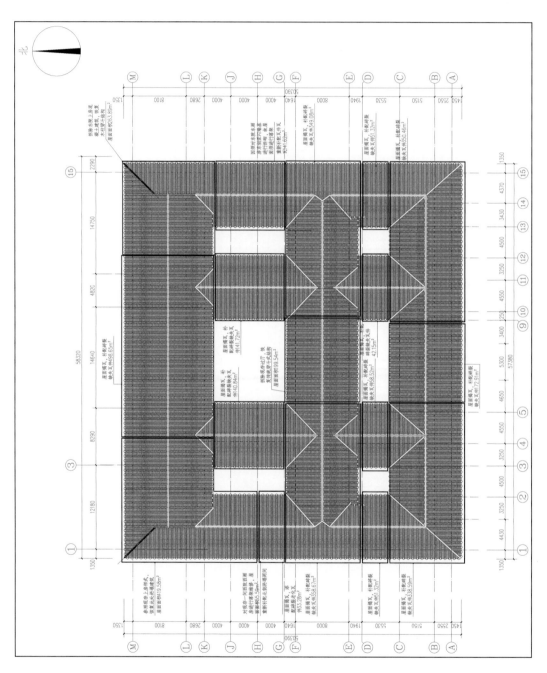

屋顶俯视图

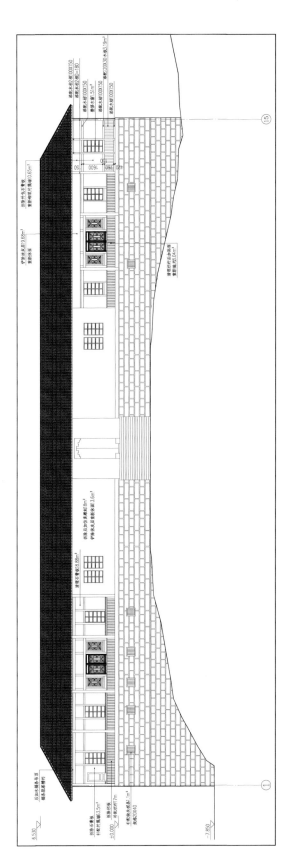

南立面图

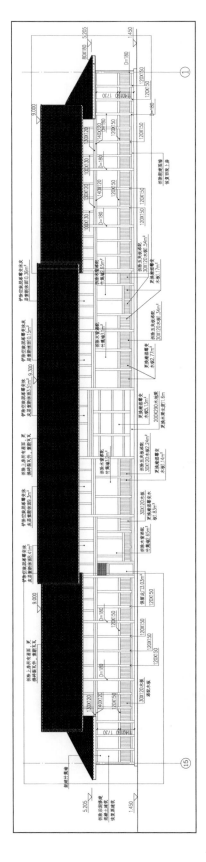

北立面图

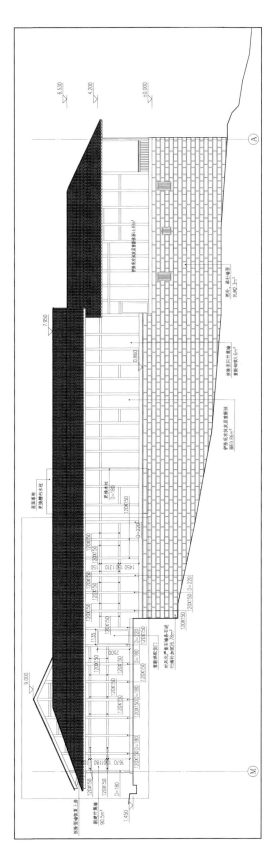

西立面图

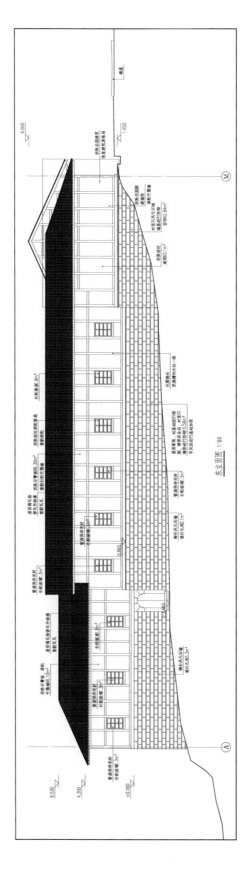

东立面图

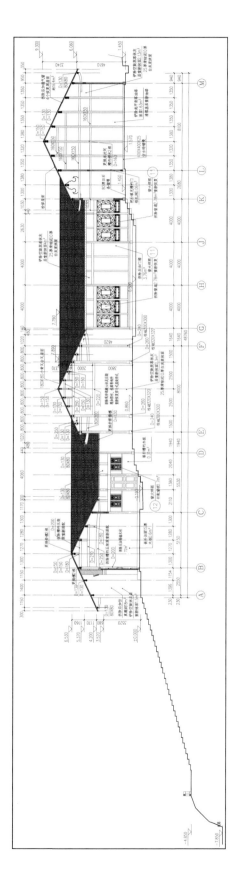

1—1 剖面图

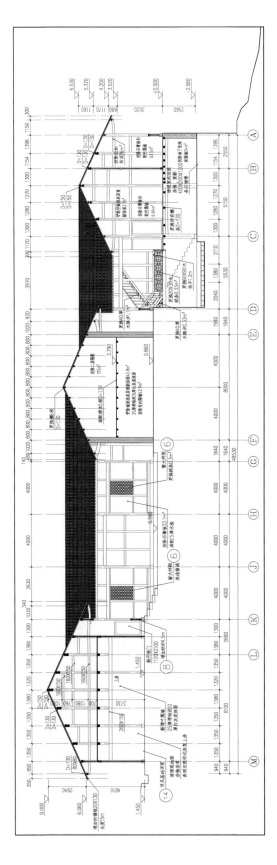

2—2剖面图

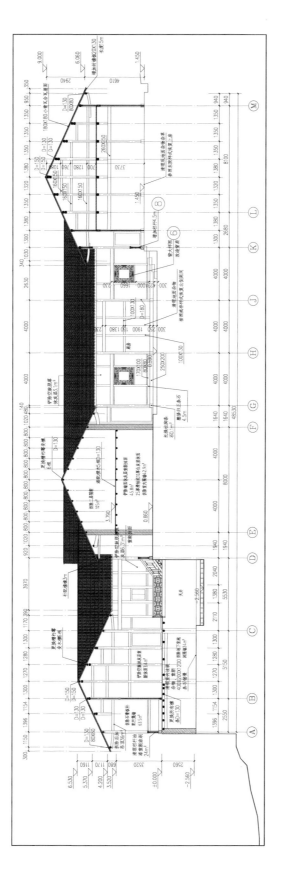

3—3 剖面图

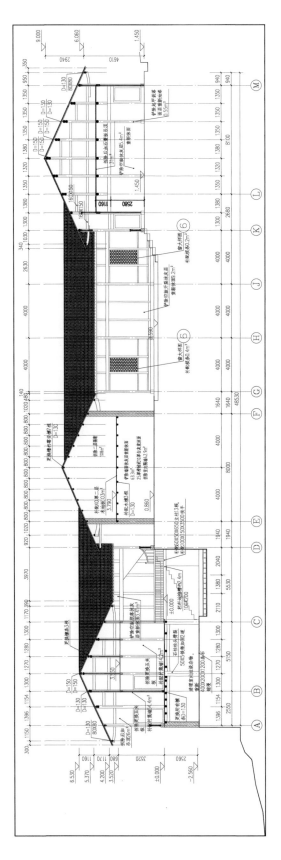

4—4剖面图

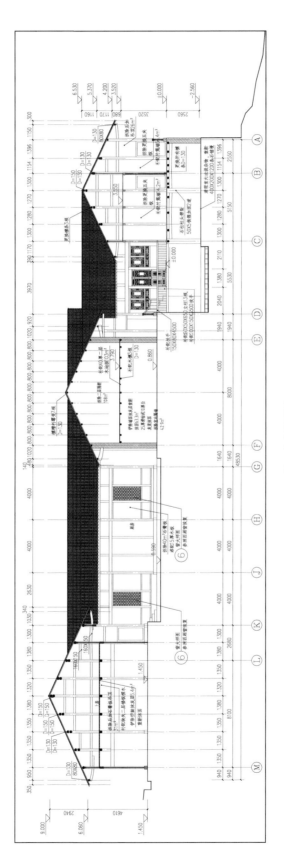

5—5 剖面图

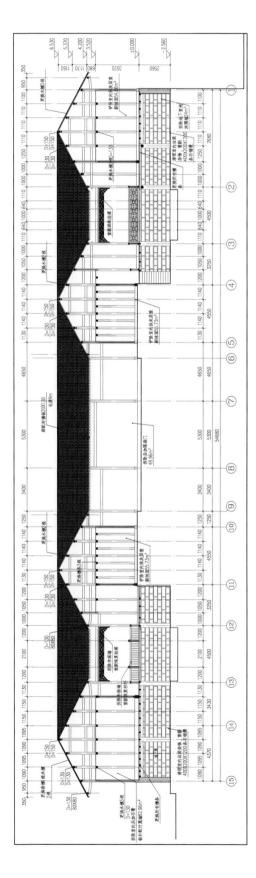

6—6 剖面图

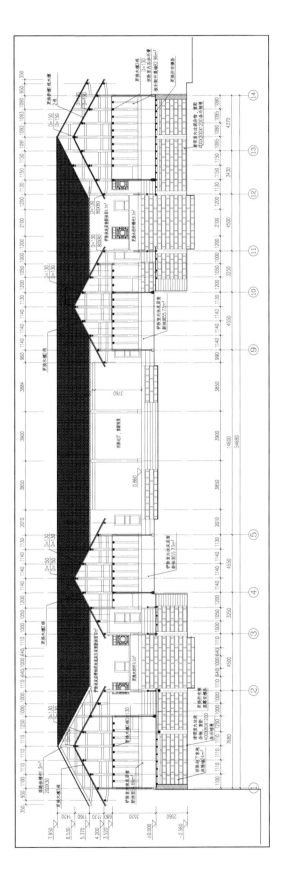

7—7 剖面图

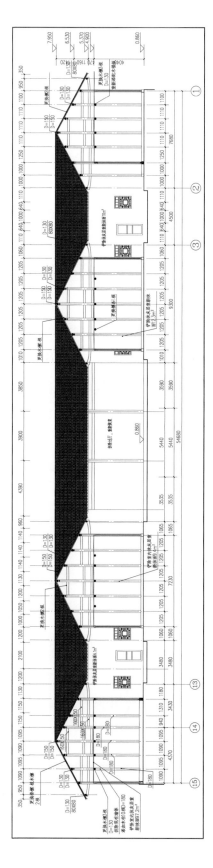

8—8 剖面图

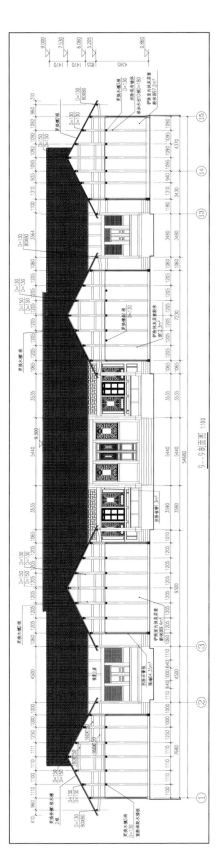

9—9剖面图

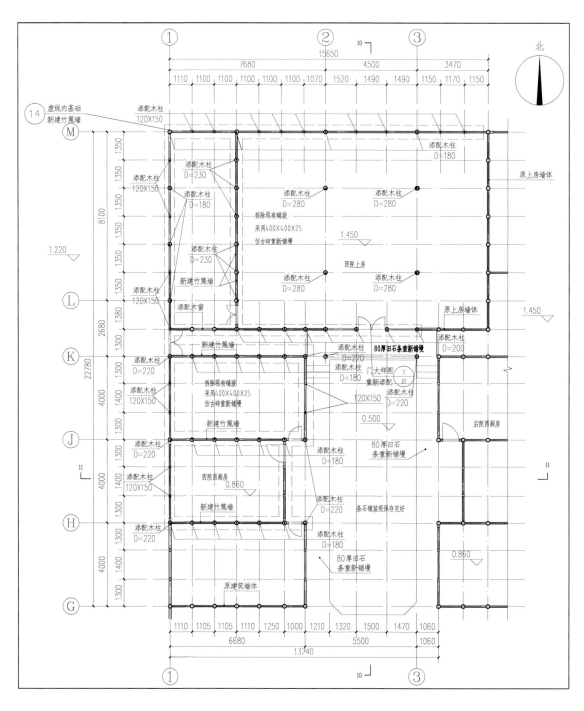

西院上房复原平面图

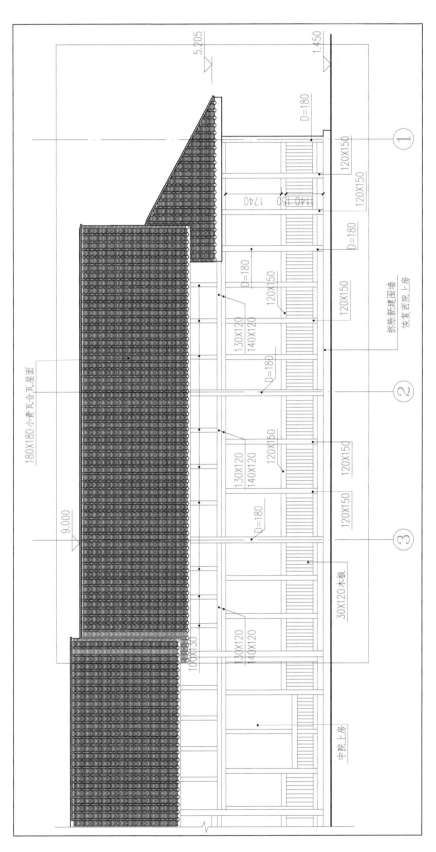

西院上房北立面图

209

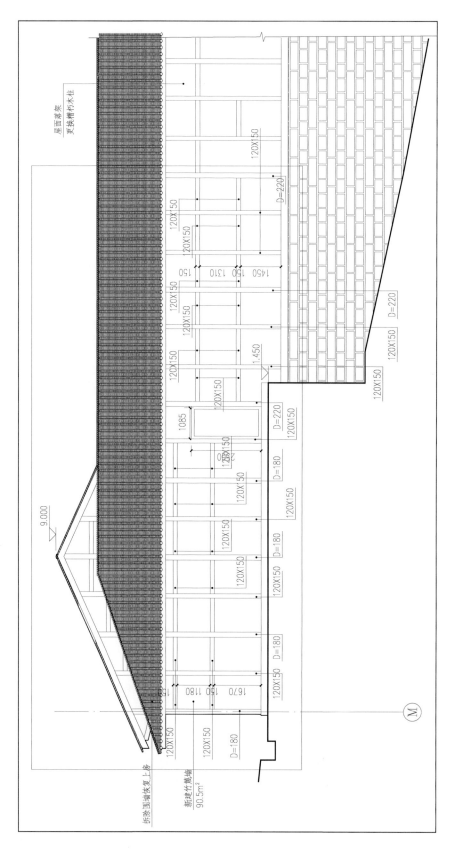

西院上房西立面图

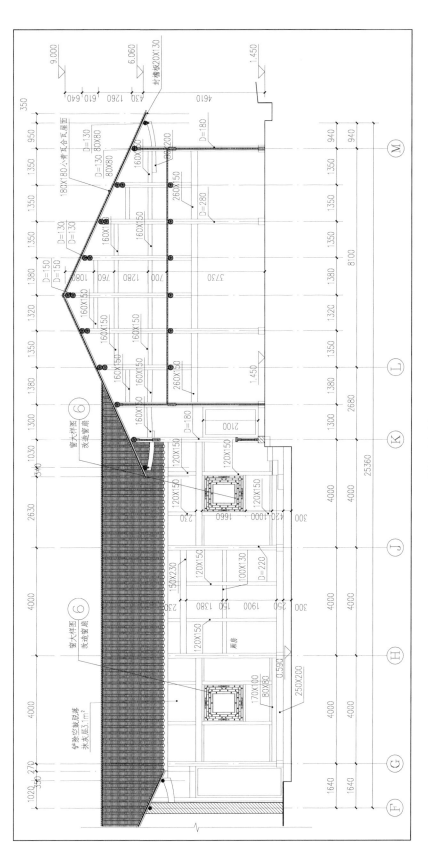

10—10 剖面图

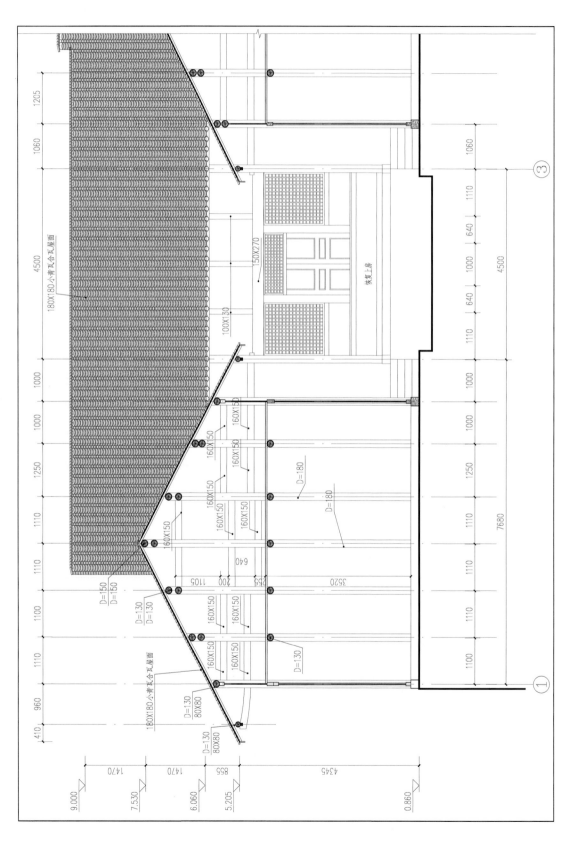

11—11 剖面图

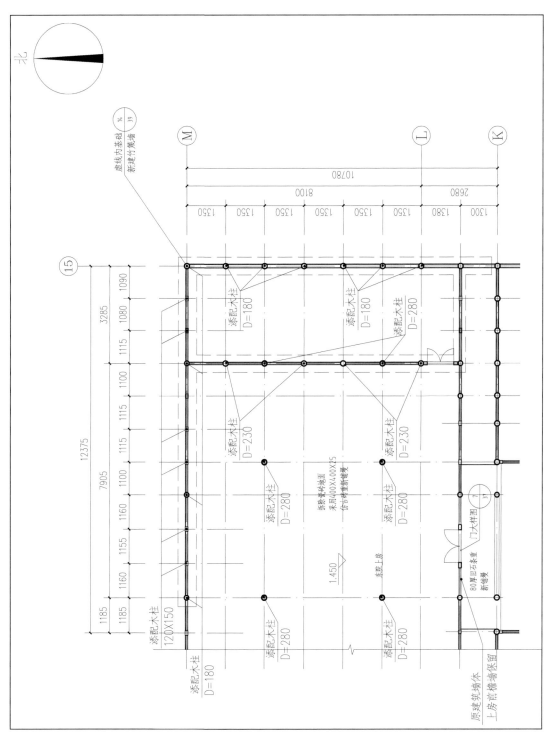

东院上房复原平面图

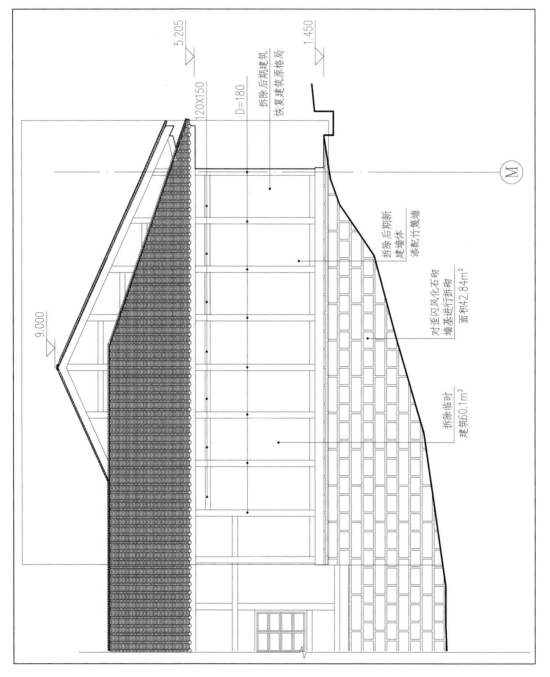

5.205

1.450

120X150

D=180

拆除后期建筑
恢复建筑原格局

9.000

拆除后期新
建墙体
添配竹篾墙

对歪闪风化石砌
墙基进行拆砌
面积4.84m²

拆除临时
建筑60.1m²

Ⓜ

东院上房东立面图

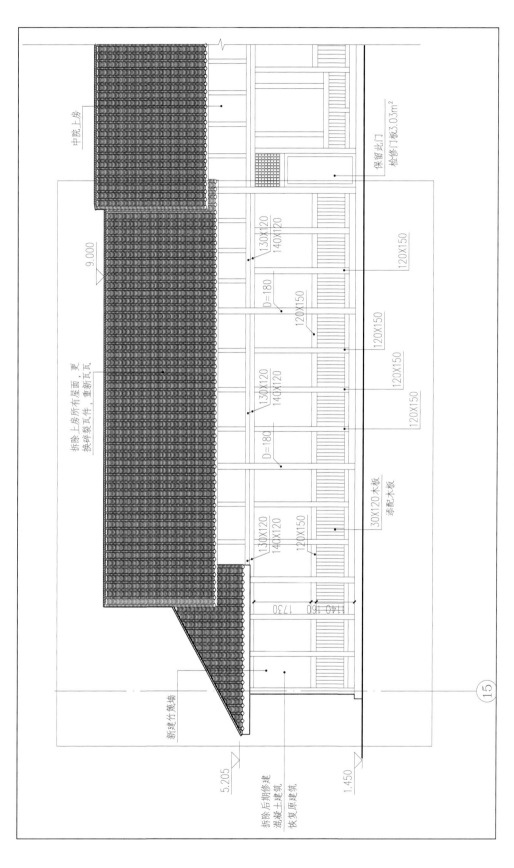

东院上房北立面图

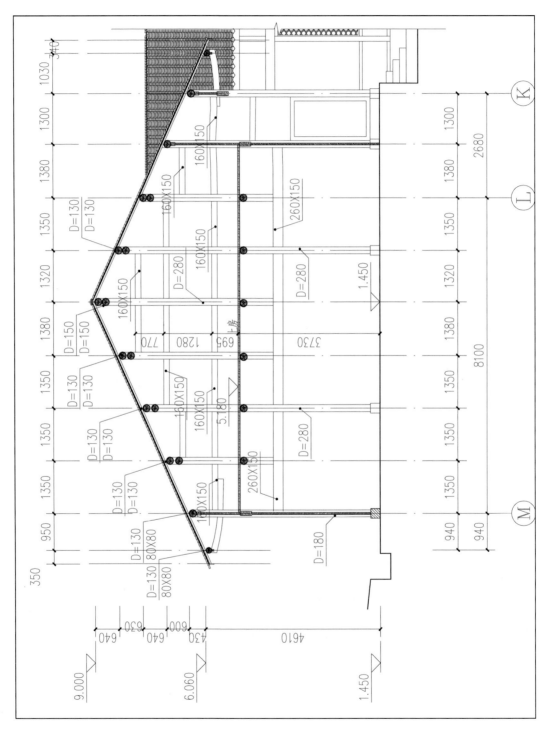

12—12 剖面图

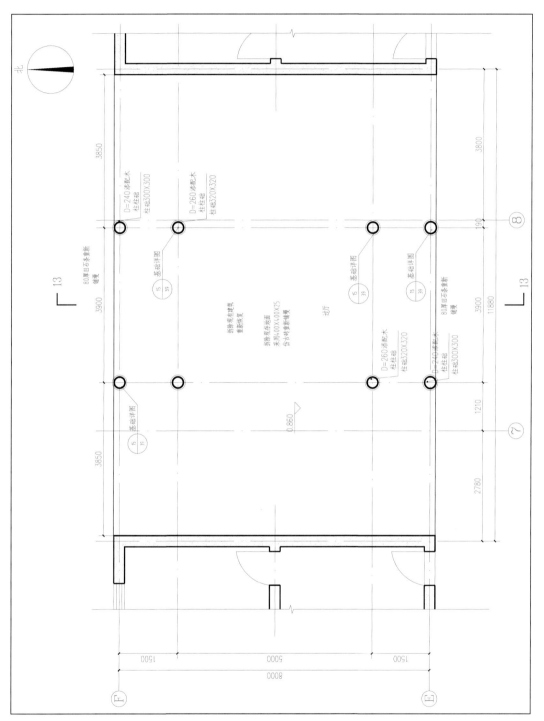

复原过厅平面图

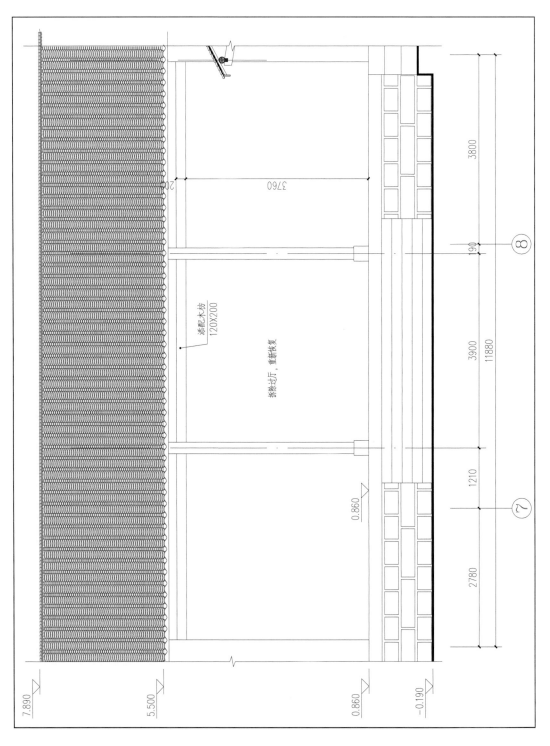

复原过厅立面图

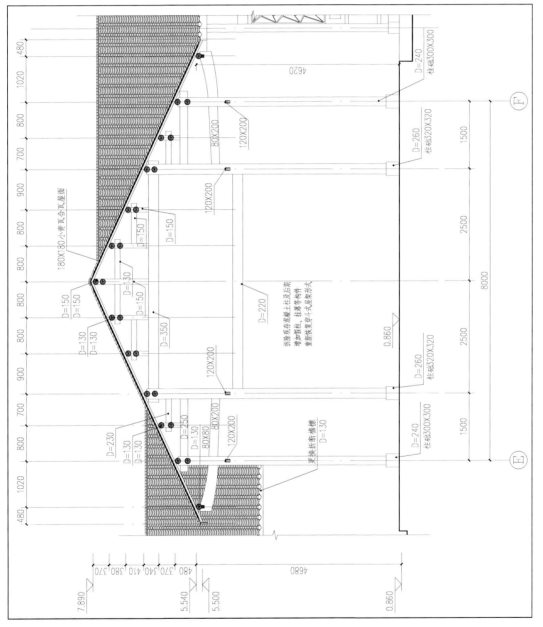

13—13 剖面图

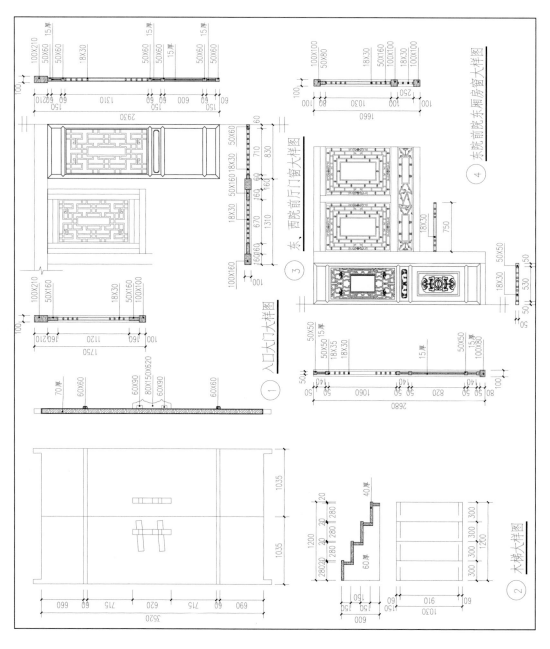

节点详图一

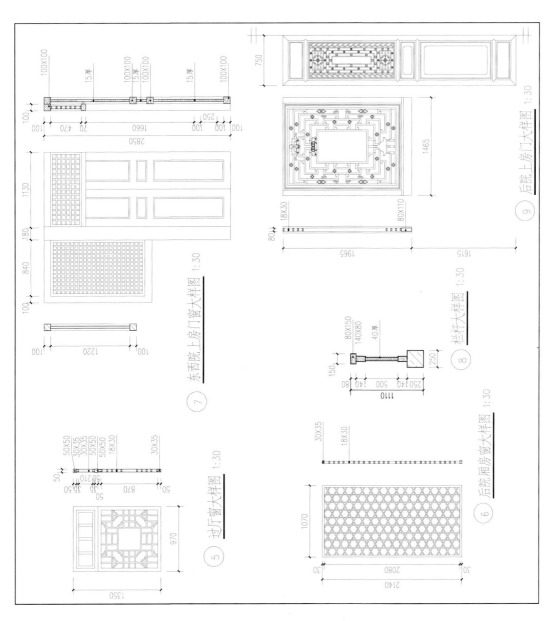

节点详图二

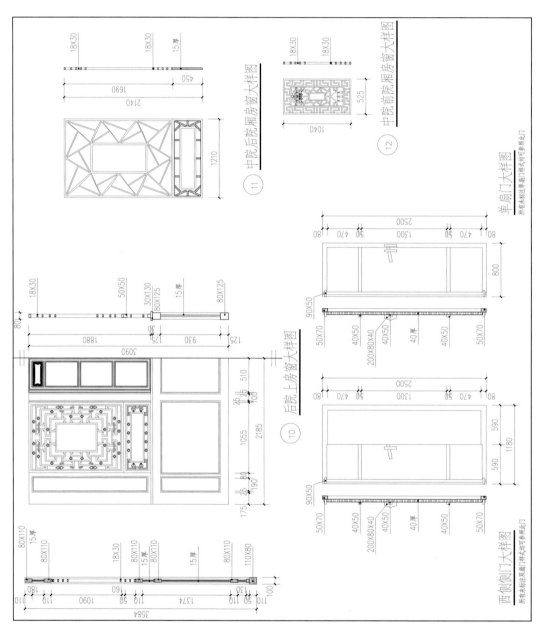

节点详图三

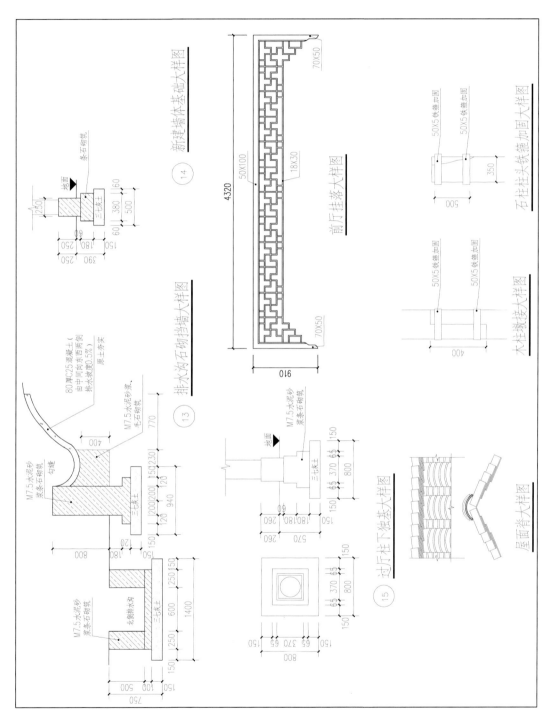

节点详图四

施工篇

第一章　总体施工程序

针对本次修缮，将按照以下施工顺序施工：

1. 拆除后期改造部分及屋面，包括：

拆除夹层隔间墙板。

拆除一层三夹板墙面，破除三夹板地面、水泥地面；

拆除西院前厅、西院配房三夹板吊顶。

拆除其他后期自行装修的装饰构件。

拆除屋面瓦件及木椽。

2. 屋面修复

根据图纸要求和现场勘查发现，屋面木椽腐烂、破损、断裂，以及屋面瓦件风化、破损、毁坏严重，已经无法达到安全使用要求，因此，按甲方要求对屋面木椽及瓦件采取全部更换的方案进行施工，同时增加望板及防水层。

3. 大木构件维修

根据图纸要求及现场实际勘察情况，对需要加固的柱、檩、枋等木构件进行加固、维修、更换、补配。

4. 在进行建筑本体维修的同时，对周边环境整治同时施工，包括：

北立面排水沟清理、维修，对滑坡的土方清理外运，石砌挡墙维修及重新砌筑。

东立面便道条石踏步施工及石砌挡墙施工。

南立面条石台阶局部维修。

5. 复建部分施工

根据图纸要求，对东院上房、西院上房、西院后院西厢房、中院前厅进行复建。

6.木装修及木楼板维修

按甲方要求对木楼板全部重新制作安装；木门窗、木墙板维修；竹篾墙维修，墙面抹灰层铲除后重新抹灰

7.油饰及石板地墁施工

根据图纸要求施工。

第二章　主要项目施工方案

文物建筑修缮中应坚持的原则：

文物修缮施工中必须严格按照国家、市有关文物工程的法律法规，

坚决遵守不改变文物原状的原则，在制定施工方案和实施中，要注意文物建筑的法式、特征、雕刻纹样、节点大样和材料做法，要保持原有文物建筑历史时代的特征和地方特点，保持文物建筑的历史感，不能用新工艺新材料代替。要注意做到：

（1）可以修补继续使用的构件，不轻易更换

（2）任何必须更换的构件都要严格按照原"法式"或"原状"制作，不得随意更改。

（3）抓好材料供应环节，所需材料是否有货，其材质是否符合要求等。

（4）所制定的加固措施要具有可逆性。

（5）若有特殊情况，必须制定出详细的措施或做出样板，报请文物部门、质监部门及建设单位审批后方可实施。

1. 拆除工程

1.1 拆除项目内容

根据清单及图纸对建筑群屋面瓦、屋面木基层、墙体、抹灰层、水泥地面、三夹板地面、楼板、木构件、木门窗等专业拆除。

1.2 现场准备

（1）清理施工场地，保证废料垃圾有堆放区或道路通畅外运。

（2）搭设临时防护设施，避免拆除时的砂、石、灰尘飞扬影响生产的正常进行。

（3）在拆除危险区设置警戒区标志。

（4）接引好施工用临时电源、水源，现场照明不能使用被拆建筑物内的配电设施，应另外敷设。保证施工时水电畅通。

1.3 拆除原则

（1）保证保留结构与被拆除结构间的无损伤分离且将构件拆除时和拆除后对保留结构的影响降低到最小。

（2）保证拆除构件在拆除过程中和在与保留结构分离后，其安全性和稳定性，并顺利将其破碎拆除。

1.4 施工部署

在拆除前，项目部应组织施工人员认真学习安全技术交底和有关的安全操作规程，施工人员必须遵守有关规定，不得违章冒险作业。

1.5 拆除施工方案

本工程采用手动工具进行人工拆除，拆除墙面时采用先上后下的施工顺序，以人工拆除为主，地面拆除采用由内到外的施工顺序。

（1）留设作业通道

拆除工程的施工现场必须有作业通道。平面运输通道要满足运输工具通行的需要，作业通道内不得堆放杂物，室内上、下通道应保持畅通。非作业通道利用警示带隔开，并制作标志牌立于通道口作出警示。

（2）根据施工图纸，对现场要拆除的墙体、地面、门窗、等进行标识，以免在拆除过程当中出错。

（3）拆除前认真做好技术交底，对不需要拆除的项目进行保护，拆除过程当中应有专人进行跟踪，一旦发现破坏性的拆除，立即制止并纠正。

（4）拆除时要注意对被拆物品的保护，现场能够利用的材料尽量利用，为业主最大限度地降低工程成本。

1.6 施工时的各项要求

（1）项目部设专职安全员，在施工现场巡回检查，对各种不安全因素（如工人不正确佩戴安全帽等），及时提出整改意见。

（2）现场所有施工人员必须按要求佩戴安全防护用品，项目部指定专人检查施工人员安全防护用品的使用和维护情况。

2. 屋面工程

2.1 拆除工程

由于屋面旧木椽腐烂、破损、断裂，以及尺寸过小，达不到设计承重受力要求，小青瓦风化、破损、缺失严重，达不到二次利用使用条件，按甲方及设计要求对屋面旧木椽及瓦件全部拆除换新。

2.2 屋面木基层木椽制作安装

（1）木椽尺寸采用 42 毫米 ×100 毫米松木，采购木材含水率必须达到设计要求。

（2）木椽安装间距符合设计要求。

2.2 屋面铺设望板

（1）屋面望板尺寸采用20毫米厚松木，木材采购含水率必须达到设计要求。

（2）望板采用密铺法，平行于屋脊铺设。

（3）望板两端长边需加工为45度斜角切口，两端斜角切口方向相反，从檐口处依次网上铺钉，相邻上下两块望板搭接时，上一块望板切口需紧压下一块望板。

（4）望板铺设完成后喷洒防腐防虫药剂2～3遍。每遍需间隔2～3天。

2.3 屋面防水层施工

（1）屋面防水卷材采用3毫米改性沥青自粘防水卷材。

（2）屋面木基层清扫干净，清理木楂。

（3）防水卷材垂直于屋脊依次粘贴，搭接长度为100毫米，阴阳角必须增加附加防水层。

防水卷材粘贴完成后需进行淋水实验，验收合格后方能进行下道工序。

2.4 屋面瓦

瓦的样数、颜色等要与原建筑一致，更新瓦件要经有关部门确认样品，封瓦方可进行加工订货，瓦件到场后要做好验瓦工作，以保证工程质量。宽瓦的疏密程度也必须符合设计要求文物建筑操作规程的规定。

宽瓦质量要求

（1）底瓦必须用白灰摁实、压落一致、无侧偏、喝风，滴子无倒喝水现象。

（2）分中号垄准确，瓦垄直顺，昂向一致，横平竖直。

（3）宽瓦应搭盖均匀，瓦的疏密应保持一致，严格按照设计要求"压七露三"的施工工艺施工。

3. 木构件工程

3.1 木柱加固方法

（1）劈裂加固

木柱劈裂若是自然劈裂，建筑时使用的木料尚未完全干燥，建成后干燥过程中形成的裂缝，此种细小的裂缝，只要在油饰之前用腻子将裂缝勾抿严实，裂缝宽度超过 0.5 厘米的应用木条镶嵌粘接牢固，缝宽 3～5 厘米或以上的除嵌木条外还应用铁箍加固。

（2）柱根糟朽加固

墙内柱最易发生此种症状。表皮糟朽不超过柱根直径 1/2 的，一般采取剔补加固，但必须将糟朽的部分砍刮干净，因为糟朽部分的真菌残留后遇适当气候仍然繁殖损害构件。

糟朽严重自根部向上不超过柱高 1/4～1/3 时，一般采取刻半墩接，做巴掌榫，直径较大的柱子墩接时上下各做暗榫相插，以防滑动移位。墩接的长短及铁箍尺寸、数量应严格按设计要求制作施工。

（3）新换木柱

原来木柱由于种种原因或全部糟朽，或是下半部糟朽高度超过柱高的 1/4～1/3 以上，原木柱已不适于墩接的则应允许更换新料，更换柱需选用干燥木料，材料应与原来用料尽可能一致，应按原来材质更换。墙内柱应预先做好防腐处理。

3.2 檩子的加固

檩子的残毁情况，常见的顶面糟朽，局部糟朽、拔榫、折断、劈裂和向外滚动等现象，通常采取修补，更换或在隐蔽处增加预防性构件。

（1）上皮糟朽和局部糟朽：仅是上皮糟朽 2～5 厘米，只要剔除糟朽部分，或按原尺寸钉补完整即可。局部糟朽，若断面不足承重时，应更换新料。

（2）拔榫：檩子拔榫主要是由于梁架歪闪而引起，维修时待梁架拨正或重新拆装归位后加铁锔子即可。仅是榫头折断时，可用一个硬杂木的新榫头，一端做成银锭榫头嵌入檩端粘牢并加铁箍卡牢。

（3）弯垂：超过檩长的 1/100 时，可先做翻转压平，如果弯垂程度仍不能达到 1/100 以内时，应考虑更换新料，如果已减少到 1/100 以内，施工时可在檩上皮垫木板找平，旧檩仍可继续使用。

3.3 梁枋糟朽与更换

根据糟朽后所剩余完好木料的断面尺寸，将糟朽部分剔除干净，边缘稍加规整，然后依照糟朽部位的形状用旧料钉补完整，胶粘牢固钉补面积较大时外加 1—2 道铁箍。钉补木块的边缘应严实，表面要干净，不得有污点。

糟朽严重不能承担荷载时，可以更换新料，严格按照原来式样尺寸制作。最好选用与旧构件相同的树种的干燥木材。

（1）榫卯式样尺寸，除依照旧件外并须核对与之搭接构件的榫卯，新制构件应尽量使搭交严密。

（2）更换梁、枋原则上应照原制用整根木料更换，如遇特大构件木料不能解决而影响施工进度时，可以改用拼合梁，内部拼合处理可采用新结构的技术，但外轮廓及榫卯式样不得改变。

4. 木门窗施工

4.1 木门窗施工要求

窗、花格窗、横坡窗，夹层板式木窗等多种类型，木门绝大多数为板门，在修复过程中，严格按照其原花式、样式进行修复，对腐烂、破损的构件进行更换、补配，对缺失、无法修复的门窗进行更换。因夹层木窗为板式木窗，室内光线不足、空气得不到流通，对原木窗更换为横坡式翻窗及亮窗。

4.2 生产操作一般要求

（1）新做木构件榫要饱满，眼要方正，半榫的长度比半眼的度短2～3毫米。拉肩不得伤榫。割角应严密、整齐车辆线必须正确。线条要平直、光滑、清秀、深浅一致。刨面不得有刨痕、戗槎及毛刺。遇有活节、油节应进行挖补，挖补时要配同样的树种、同木色，花纹要近似，不得用立木塞。

（2）门窗框料有顺弯时，其弯度一般不应超过4毫米，有扭弯者一般不准使用。

（3）青皮、倒棱如在正面、裁口时能裁完者方可合用。如有背面超过木料厚的1/6和长的1/5，一般不准使用。

（4）打眼用凿刃应和榫的厚薄一致，凿出的眼，顺木纹两侧要平直，不得错贫。

（5）打通眼时，先打背面，后打正面。凿眼时，眼的一边线应凿半线，留斗线。手工凿眼时，眼内两端中部宜稍微突出，以便拼装时加楔打紧。半眼深度应一致，并经斗榫深2～3毫米。

（6）开出的榫要与眼的宽、窄、厚、薄一致，并在加楔处锯出楔子口。半榫的长度要比眼的深度短2毫米。拉肩不行伤榫。

（7）拼装前对部件进行检查。要求部件方正、平直、线脚整齐分明，表面光滑、尺寸、规格、式样符合设计要求，并用细刨将遗留墨线刨去刨光。

（8）拼装时，所有榫头均需涂胶加楔，下面用木楞垫平，放好各部件，榫眼对正，用斧轻轻敲击打入。

（9）拼装好的面品，应在明显处编写号码，用木楞将四角垫起，离地20～30厘米，水平放置，并加经覆盖。

（10）更滑、补配的木构件，其花式的雕刻、线条文理样式必须原原构件相同。

5. 油漆工程

油饰工艺要求：

所有木构件均在修缮完成后需施涂传统大漆，以防腐防水。大漆主要材料：生漆、熟桐油（坯油）、熟石膏粉、血料、松香水、颜料、厚漆等。主要施工工艺；

（1）要将物件表面的木刺、油污、胶迹、墨线等一概除净。松动的翘槎应加固或勒除。用 1.5 号木砂纸打磨，掸净灰尘。

（2）抄底油：色油由熟桐油、松香水，200 号溶剂汽油加色配成。加色一般采用可溶性燃料、各色厚漆或氧化系颜料配成。调制后，用 80 ~ 100 目铜筛过滤即可。用旧漆刷施涂，涂色应均匀，涂层宜薄勿厚。

（3）嵌批腻子、打磨：采用有色桐油石膏腻子，搅拌成近似底色即可。其重量配合比约为熟石膏粉：熟桐油：松香水：水：颜料 =10：7：1：6 适量。操作时，先嵌后批。先搅拌较硬的石膏油腻子将大洞、缝隙等缺陷填平嵌实。干燥后，用 1 号木砂纸略打磨一下。然后将腻子调稀一些，在物件上满批一遍，对于棕眼较多、较深的木材面，应批刮两遍（一遍批刮后，经干燥打磨后，再批刮第二遍），力求使表面平整。待干燥后，用 1 号砂纸顺木纹打磨光滑。楞角、边线等处应轻磨，不可将底色磨白。

（4）复补腻子、打磨：用有色桐油石膏腻子，将凹处等缺陷嵌批平整，并收刮清静，不留残余腻子，否则将难以打磨，而且影响木纹的清晰度。待腻子干燥后，用 1 号木砂纸将复补处打磨光滑，除去灰尘。

（5）上色油（抄油）：用抄底油的色油，在物面上再施涂一遍，上色应均匀，涂层宜薄而均匀。

（6）上色浆：深棕褐色材料要色和酸性金黄加酸性大红加墨汁点滴而制成。这些色料用水溶解后加入适量生血料一起搅拌，用铜筛过滤后，使色料、血料充分分散，混合成均匀的色浆。用油漆刷进行施涂，施涂时必须刷匀。刷这遍色浆的目的是调整其底色泽，不呈腻子疤痕，确保上漆后色泽一致，漆膜丰满、光滑、光亮。

（7）打磨：待色浆干透后，用 0 号木砂纸打磨，磨去面层颗粒，要求打磨光滑，并掸净灰尘。

（8）罩光漆：由生漆或熟漆加入熟桐油调制而成。施涂顺序是先边角，后平面；先小面后大面。操作时，用通帚醮漆施涂转弯里角，后用牛尾漆刷醮漆施涂平面，再用牛尾抄漆刷抄匀。然后，先用弯把漆刷理匀转弯里角；小平面用牛尾漆刷斜竖推刷匀漆并理直；大面积（指板面或台面）用大号漆刷翘挑生漆纵、横施涂于物面，竖、斜、横交叉反复多次匀漆，将漆液推刷均匀。当目测颜色均匀，而施涂时感到发黏费力时，可用毛头平整而细软的理漆刷顺木纹方向理顺理通，使整个漆面均匀、丰满、光亮。

（9）干燥：由于光漆中的主要成分是生漆，而生漆的干燥则由气候条件决定，其最佳干燥条件：温度 25 度 ±5 度，相对湿度 80% ±5%。

6. 墙面工程

墙壁维修时，应根据其构造和残损情况采取修整或加固措施。修补、加固时，不得改变墙壁的结构、外观，质感以及各部分的尺寸。对风化程度严重的石墙进行掏补加固；对东侧歪闪下沉墙体进行基础检测，确保安全后可进行拆砌加固，否则应进行基础加固；拆除所有后期添配石膏板、五夹板等墙面，恢复竹篾墙、木板墙（15 毫米厚）。拆除所有二层后加隔墙，恢复原建筑格局；拆除霉变木板墙，重新添配（15 毫米厚）；铲除空鼓脱落抹灰层重新抹面。

拆砌石墙时，按下列要求实施：

（1）清理和拆卸残墙时，应将石构件逐层揭起，分类码放；砌筑时，应保持原墙尺寸和式样，并宜利用原件。

（2）补配石墙时，按原墙壁的构造、尺寸和做法，以及丁、顺砖的组合方式砌筑。

（3）对剔凿挖补或拆砌外皮墙体，做到新旧砌体咬合牢固，外观保持原样。

（4）补配石墙时，应选用建筑本体材质、色泽相同材料，如采购困难，亦可用色泽相近砂岩代替：施工工艺应与原形制保持一致。

补配竹篾墙时，应按下列要求实施：

（1）选取竹子时，宜在冬季进行，不可选用竹龄一二年的新竹，以生长三年至四年的竹子为宜。

（2）劈篾要洗干净竹子、绞平节疤。劈篾十分讲究技巧、手和刀要成一条线、双手用力要均衡。为了防蛀、防霉、还须进行高温煮篾。

（3）竹篾编织采用一挑一编法，先将龙骨（8 毫米 ×30 毫米木条）沿竹篾墙边框排列好，间距 200 毫米，竹篾以 1/1 编织法，一条竹篾在上，一条竹篾在下的交织。

木板墙的补配应尽量选用原材料，木板在使用前应仔细检查，剔除糟朽、虫蛀、劈裂及其他创伤断纹等瑕疵。木板长、宽按框心净空尺寸加裁口量，厚 1520 毫米。每块板的两边均做企口榫，竖向对拼安装。

内墙抹灰修补范围应铲除到黏结牢固、密实的抹灰范围，将新旧抹灰的接缝放在墙角和原墙面的分缝处，在新旧接缝处对旧灰层一定要斩成凹进去的"八"字形，并用较硬的砂浆对基层填塞密实。

重新抹灰的墙面，其材料配比按设计要求，墙的色泽和质感应与原墙一样，新旧接缝处应平整、密实、牢固，主要做法按下列要求实施：

（1）残损部位铲除到黏结牢固、密实的抹灰范围。

（2）清扫粉尘，铲除部位喷水湿润。

（3）25厚滑秸泥（体积比，黏土100：滑秸20）粗抹灰。

（4）10厚白灰浆（重量比，石灰膏100：麻刀3）细抹灰。

7. 地面工程

应以测绘现状图，作为修复设计和施工的依据，不得任意抬高路面、室内地面的高度等。需拆移的陈设（如匾联、盆景等）和建筑附属物，竣工后应恢复原状。严格按图纸设计和要求进行施工，不得随意改变设计。

石板地面：

（1）拆除后期铺设的五夹板地面、水泥地面、瓷砖地面，并清理基层。

（2）150毫米厚三七灰土垫层：黄土、石灰过筛，黄土粒径不得大于15毫米，石灰粒径不得大于5毫米，拌和均匀，并控制最佳含水量作为灰土的含水标准。

（3）墁地开始应按室内地坪拴好平线，作为墁地掖线，在线上挂号卧缝两人一档，按民间正中冲趟第一块用整块方砖。30毫米白灰砂浆坐地按路数向两边墁。

（4）新添配的条石应选用当地旧石材，规格与原地面条石规格一致。材料不足时在当地选用新石料加工，尺寸、规格与原地面条石规格一致，表面砍磨做旧，与旧条石色感一致，并使用在隐蔽部位。

第三章　文物保护与成品保护措施

（1）检查鉴定：根据建筑的损坏程度，确定将维修分类，需要修补和更换项目。

（2）原建筑和文物的保护：在拆除前根据现场实际情况的需要，用钢管搭架，模板铺面把需要保护的文物和建筑罩上，建筑物四周搭建围挡，防止游客和闲杂人员进入，保证工程完工后达到要求后方能拆除。

（3）修缮后保护：及时对施工范围进行覆盖保护，对油漆料、砂浆操作面下，楼面及时铺设防污染塑料布，操作架的钢管及时设垫板，钢管扶手挡板等硬物及时轻放，不得抛敲撞击楼地面，墙面，瓦面。

（4）交工前保护措施

①为确保工程质量，达到用户满意，项目施工管理班子及时在装饰安装分区或分层完成成活后，专门组织人员负责保护，值班巡查进行保护工作。

②值班人员，按项目领导指定的保护区范围进行值班保护工作。

第四章 修缮后效果

朱家大院南立面

西侧外墙

大院东北角

东侧外墙

西南角外墙

中院大门南立面

中院大门北立面

中院大门梁架

中院前院东厢房

东院前院天井

中院前院东厢房夹层

中院前院与过厅

中院过厅室内

中院后院东厢房

中院后院西厢房室内

中院上房

中院上房梁架

东院前厅室内

东院前厅梁架

东院天井

东院地下室

东院过厅

东院配房

东院过廊

东院上房

东院上房室内

西院前厅室内

西院前厅梁架

西院前院西厢房

西院前院西厢房室内

西院天井

西院地下室

西院过厅

西院上房

监理篇

第一章 工程概况

　　施工方根据设计方案要求，按照从前到后、从上到下、从东到西的顺序先后完成了东院、中院、西院各建筑单体的屋面、后加墙体、楼板的拆除工作，大木作、小木作的修缮工作，墙体修缮工作，屋面修缮工作，后院房屋的复建工作。本次工程各单体实际修缮内容统计如下：

1．中院大门

　　屋面：重新铺设小青瓦屋面、重新砌筑瓦脊。

　　木基层：重新铺设新板椽，重新铺设新望板，重新铺设 SBS 防水。

　　木架：前后檐檩、檐枋全部更换，封檐板全部更换，后檐地梁全部更换，其余檩条、梁架保持原状，做检修、校正。

　　木柱：原状检修。

　　木装修：正门保持原状，后檐全部新配门框、亮窗，两山墙各补配 4 个亮窗。

　　墙体：拆除后加木质隔墙，墙体抹灰罩白。

2．中院过厅

　　屋面：重新铺设小青瓦屋面、重新砌筑瓦脊。

　　木基层：重新铺设新板椽，重新铺设新望板，重新铺设 SBS 防水。

　　木架：全部新配，面阔 3 间，合计两榀梁架、13 路檩、枋。

　　木柱：全部新配。

　　木装修：全部新配。

　　墙体：拆除后加木质隔墙，墙体抹灰罩白。

3. 中院前院东厢房

屋面：重新铺设小青瓦屋面、重新砌筑瓦脊。

木基层：重新铺设新板椽，重新铺设新望板，重新铺设 SBS 防水。

木架：前后檐檩、檐枋全部更换，封檐板全部更换，其余檩条、梁架保持原状，做检修、校正。

木柱：原状检修。

木楼板：全部新配

楼板檩：原状检修。

木装：修新配 1 扇支摘窗，其余原状检修，补配佚失构件。

木楼梯：补配缺失踏板、栏杆、扶手。

墙体：拆除霉变糟朽抹灰层，重新抹面罩白。

4. 中院前院西厢房

屋面：重新铺设小青瓦屋面、重新砌筑瓦脊。

木基层：重新铺设新板椽，重新铺设新望板，重新铺设 SBS 防水。

木架前：后檐檩、檐枋全部更换，封檐板全部更换，其余檩条、梁架保持原状，做检修、校正。

木柱：原状检修。

木楼板：全部新配。

楼板檩：原状检修。

木装修：新配 1 扇支摘窗，其余原状检修，补配佚失构件。

木楼梯：补配缺失踏板、栏杆、扶手。

墙体：拆除糟朽木板重新添配。

5. 中院后院东厢房

屋面：重新铺设小青瓦屋面、重新砌筑瓦脊。

木基层：重新铺设新板椽，重新铺设新望板，重新铺设 SBS 防水。

木架：前后檐檩、檐枋全部更换，封檐板全部更换，其余檩条、梁架保持原状，做检修、校正。

木柱：原状检修。

木楼板：全部新配。

楼板檩：原状检修。

木装修：原状检修，补配佚失构件。

木楼梯：补配缺失踏板、栏杆、扶手。

墙体：拆除石膏板添配木板，铲除空鼓脱落抹灰层重新抹面罩白。

6. 中院后院西厢房

屋面：重新铺设小青瓦屋面、重新砌筑瓦脊。

木基层：重新铺设新板椽，重新铺设新望板，重新铺设 SBS 防水。

木架：前后檐檩、檐枋全部更换，封檐板全部更换，其余檩条、梁架保持原状，做检修、校正。

木柱：原状检修。

木楼板：全部新配。

楼板檩：原状检修。

木装修：更换 1 扇糟朽窗，其余原状修整，补配佚失构件。

木楼梯：补配缺失踏板、栏杆、扶手。

墙体：拆除石膏板添配木板；铲除空鼓脱落抹灰层重新抹面。

7. 中院上房

屋面：重新铺设小青瓦屋面、重新砌筑瓦脊。

木基层：重新铺设新板椽，重新铺设新望板，重新铺设 SBS 防水。

木架：前后檐檩、檐枋全部更换，封檐板全部更换，其余檩条、梁架保持原状，做检修、校正。

木柱：明间东、西缝木柱墩接 9 根，其余原状检修。

木装修：原状检修。

墙体：铲除空鼓脱落抹灰层，重新抹面罩白。

8. 东院前厅

屋面：重新铺设小青瓦屋面、重新砌筑瓦脊。

木基层：重新铺设新板椽，重新铺设新望板，重新铺设 SBS 防水。

木架：前后檐檩、檐枋全部更换，封檐板全部更换，其余檩条、梁架保持原状，做检修、校正。

木柱：原状检修。

木楼板：全部新配。

木装修：添配前檐支摘窗 2 扇，东次间一层普通玻璃窗 2 扇，二层支摘窗 2 扇，走廊雀替 2 套，明间花罩 1 套。

墙体：拆除石膏板添配木板，墙体重新抹灰罩白。

9. 东院天井及地下一层

柱：石柱维持现状，添配木柱 2 根。

木楼板：全部新配。

楼板檩：拆除 30 根糟朽檩条并重新添配，其余原状检修、校正。

木装修：添配天井围栏，其余小窗维持现状。

10．东院过厅

屋面：重新铺设小青瓦屋面、重新砌筑瓦脊。

木基层：重新铺设新板椽，重新铺设新望板，重新铺设 SBS 防水。

木架：前后檐檩、檐枋全部更换，封檐板全部更换，二层屋面檩更换 11 根，其余檩条、梁架保持原状，做检修、校正。

木柱：原状检修。

木楼板：全部新配。

楼板檩：原状检修。

木装修：前檐一层添配四扇花窗，二层添配 1 扇玻璃窗，后檐一层添配 4 扇花窗，其余门窗保持原状。

木楼梯：补配缺失踏板、栏杆、扶手。

墙体：铲除空鼓脱落抹灰、裱糊，重新抹面。

11．东院前院东厢房

屋面：重新铺设小青瓦屋面、重新砌筑瓦脊。

木基层：重新铺设新板椽，重新铺设新望板，重新铺设 SBS 防水。

木架：前后檐檩、檐枋全部更换，封檐板全部更换，其余檩条、梁架保持原状，做检修、校正。

木柱：原状检修。

木楼板：全部新配。

楼板檩：原状检修。

木装：修添配一层 2 扇普通窗，二层 2 扇支摘窗，其余原状检修，补配佚失构件。

木楼梯：补配缺失踏板、栏杆、扶手。

墙体：拆除石膏板重新添配竹篾墙，重新抹灰罩白。

12. 东院东配房

屋面：重新铺设小青瓦屋面、重新砌筑瓦脊。

木基层：重新铺设新板椽，重新铺设新望板，重新铺设 SBS 防水。

木架：前后檐檩、檐枋全部更换，封檐板全部更换，其余檩条、梁架保持原状，做检修、校正。

木柱：14 轴墩接 3 根木柱，其余原状检修。

木楼：板全部新配。

楼板檩：原状检修。

木装修：添配四扇支摘窗，添配四扇漏窗，其余原状检修，补配佚失构件。

墙体：拆除红砖墙体重，新添配竹篾墙重新抹灰罩白。

13. 东院后院东厢房

屋面：重新铺设小青瓦屋面、重新砌筑瓦脊。

木基层：重新铺设新板椽，重新铺设新望板，重新铺设 SBS 防水。

木架：前后檐檩、檐枋全部更换，封檐板全部更换，其余檩条、梁架保持原状，做检修、校正。

木柱：原状检修。

木楼板：全部新配。

楼板檩：原状检修。

木装修：添配三扇支摘窗，前檐门 1 扇，窗 2 扇，其余原状检修，补配佚失构件。

木楼梯：补配缺失踏板、栏杆、扶手。

墙体：拆除红砖墙体重新添配竹篾墙，拆除石膏板重新添配木板墙，重新抹灰罩白。

14. 东院上房

屋面：重新铺设小青瓦屋面、重新砌筑瓦脊。

木基层：重新铺设新板椽，重新铺设新望板，重新铺设 SBS 防水。

木架：前后檐檩、檐枋全部更换，封檐板全部更换，其余檩条、梁架保持原状，做检修、校正。

木柱：明间东、西缝重新更换木柱 6 根，次间东缝更换 6 根，墩接 2 根，梢间东缝木柱全部添配 7 根，后檐柱 4 根，其余木柱保持原状。

木楼板：全部新配。

楼板檩：原状检修。

木装修：添配后檐隔扇门 1 扇，格栅窗 2 扇，花罩 1 套，东梢间添配亮窗 3 扇。

木楼梯：补配缺失踏板、栏杆、扶手。

墙体：铲除空鼓脱落抹灰重新抹面。

15. 西院前厅

屋面：重新铺设小青瓦屋面、重新砌筑瓦脊。

木基层：重新铺设新板椽，重新铺设新望板，重新铺设 SBS 防水。

木架：前后檐檩、檐枋全部更换，封檐板全部更换，西院前厅前廊挑梁更换 3 根，穿枋 1 根，其余檩条、梁架保持原状，做检修、校正。

木柱：原状检修。

木楼板：全部新配。

楼板檩：原状检修。

木装修：添配前檐支摘窗 1 扇，明间两山添配亮窗 2 扇，西梢间添配支摘窗 1 扇，前后增加花罩各 1 套。

墙体：拆除石膏板添配木板；铲除空鼓脱落抹灰层重新抹面。

16. 西院天井及地下一层

柱：石柱维持现状，添配木柱 5 根。

木楼板：全部新配。

楼板檩：拆除 3 根糟朽檩条并重新添配，其余原状检修、校正。

木装：修天井围栏现状整修，添配小窗 8 扇。

17. 西院过厅

屋面：重新铺设小青瓦屋面、重新砌筑瓦脊。

木基层：重新铺设新板椽，重新铺设新望板，重新铺设 SBS 防水。

木架：前后檐檩、檐枋全部更换，封檐板全部更换，二层 10 根屋面檩更换，其余檩条、梁架保持原状，做检修、校正。

木柱：原状检修。

木楼板：全部新配。

楼板檩：更换 7 根新檩，其余原状检修。

木装：修前檐一层添配 4 扇花窗，后檐一层添配 4 扇花窗，其余门窗保持原状。

木楼梯：补配缺失踏板、栏杆、扶手。

墙体：铲除空鼓脱落抹灰、裱糊，重新抹面罩白。

18. 西院前院西厢房

屋面：重新铺设小青瓦屋面、重新砌筑瓦脊。

木基层：重新铺设新板椽，重新铺设新望板，重新铺设 SBS 防水。

木架前：后檐檩、檐枋全部更换，封檐板全部更换，其余檩条、梁架保持原状，做检修、校正。

木柱：原状检修。

木楼板：全部新配。

楼板檩：原状检修。

木装修：二层添配支摘窗 1 扇，其余原状检修，补配佚失构件。

木楼梯：补配缺失踏板、栏杆、扶手。

墙体：铲除空鼓脱落抹灰层重新抹面罩白。

19. 西院配房

屋面：重新铺设小青瓦屋面、重新砌筑瓦脊。

木基层：重新铺设新板椽，重新铺设新望板，重新铺设 SBS 防水。

木架：前后檐檩、檐枋全部更换，封檐板全部更换，其余檩条、梁架保持原状，做检修、校正。

木柱：墩接 2 根木柱，其余维持原状。

木楼板：全部新配。

楼板檩：原状检修。

木装修：新添配支摘窗 4 扇、漏窗上扇，其余维持原状。

墙体：铲除空鼓脱落抹灰层重新抹面罩白。

20. 西院后院西厢房

屋面：重新铺设小青瓦屋面、重新砌筑瓦脊。

木基层：重新铺设新板椽，重新铺设新望板，重新铺设 SBS 防水。

木架：前后檐檩、檐枋全部更换，封檐板全部更换，明间及北次间木架全部重新添配。

木柱：南次间维持原状，明间及北次间重新添配，更换左前廊槽朽柱 1 根。

楼板檩：南次间维持原状，明间及北次间重新添配。

木装修：重新添配门 2 扇，窗 2 扇，其余原状检修。

墙体：铲除南次间空鼓脱落抹灰层重新抹面，明间及北次间重新添配竹篾墙，重新抹灰罩白。

21. 西院上房

屋面：重新铺设小青瓦屋面、重新砌筑瓦脊。

木基层：重新铺设新板椽，重新铺设新望板，重新铺设 SBS 防水。

木架：重新添配

木柱：重新添配。

楼板檩：重新添配。

木装修：重新添配。

墙体：明间及北次间重新添配竹篾墙，重新抹灰罩白。

历时 4 个多月，工程于 2018 年 7 月 31 日正式竣工。

第二章　工程质量控制成效

在本工程实施过程中，综合采用多种方法和措施，确保了对工程质量的控制。

1. 工程材料质量控制成效

要求，施工方每批进场材料必须及时报验，未经审核的材料禁止进场使用。

工程材料报验情况及检验结果统计表

序号	日期	进场材料	数量	验收结果
1	2018 年 3 月 11 日	木料	10 立方米	合格
2	2018 年 3 月 26 日	木料	60 立方米	合格
3	2018 年 4 月 3 日	木料	50 立方米	合格
4	2018 年 4 月 15 日	CCA 防腐剂	500 千克	合格
5	2018 年 4 月 27 日	椽料	10 立方米	合格
6	2018 年 4 月 27 日	柱料	10 立方米	合格
7	2018 年 4 月 27 日	SBS 防水卷材	3000 平方米	合格
8	2018 年 5 月 12 日	木料	20 立方米	合格
9	2018 年 5 月 14 日	稻草	500 千克	合格
10	2018 年 5 月 21 日	木料	12 立方米	合格
11	2018 年 5 月 23 日	木料	11 立方米	合格
12	2018 年 5 月 26 日	木料	29 立方米	合格

序号	日期	进场材料	数量	验收结果
13	2018 年 5 月 27 日	条石	6 立方米	合格
14	2018 年 6 月 9 日	木料	28 立方米	合格
15	2018 年 6 月 17 日	青瓦	40000 块	合格
16	2018 年 6 月 18 日	青瓦	20000 块	合格
17	2018 年 6 月 25 日	木料	8 立方米	合格
18	2018 年 6 月 25 日	青瓦	54000 块	合格
19	2018 年 7 月 10 日	青瓦	45000 块	合格

用于本工程施工的材料均满足设计和规范要求，据统计，监理部合计审查、签署材料报审表 11 份。

2. 屋面质量控制成效

本次工程所有建筑单体均为小青瓦屋面，对屋面瓦采取了如下质量控制措施：

（1）对进场小青瓦质量进行了检查验收，检查材质、规格，确保了屋面所有瓦件质量符合设计和规范要求，检查灰浆配比，确保了灰浆质量。

（2）宽瓦前对屋面基层防水质量进行了隐蔽工程验收，确保基层质量合格。

（3）宽瓦前对施工方分垄位置进行检查，对宽瓦控制线进行复核，确保瓦垄位置正确。

（4）每几垄瓦完成后对瓦垄曲线、瓦垄间距、瓦的搭接宽度、瓦垄直顺程度等关键部位进行检查，监督施工单位对瓦面外露灰浆及时清理，勾抹整齐。

（5）宽瓦结束后监督施工单位对瓦面进行清扫，确保整体观感效果。

经过严格控制，本次屋面瓦垄间距一致，瓦垄直顺，瓦的搭接宽度符合要求，屋面曲线优美、整洁干净。

3. 木作质量控制成效

针对不同的木构件类型，采取了不同的质量控制措施：

3.1 木柱

要求施工方对柱子保存情况进行了进一步勘察，按照柱子的实际残损情况，采取墩接、镶补或更换的处理方式进行维修。对于柱子墩接，监督施工方做好支顶措施后，按照墩接工序要求逐步实施，我方检查墩接高度、榫卯样式及尺寸等，检查是否墩接牢固；对于表面裂缝、糟朽的镶补处理，检查镶补部位是否贴合紧密、粘接牢固，表面处理是否与原柱相协调。对于需要更换和新添配的柱子，检查柱子含水率、表面木节、裂缝等是否在设计和规范要求的范围内，检查柱子制作的尺寸是否符合设计要求，检查柱子安装位置、标高是否符合设计要求。

3.2 梁架及檩条

（1）监督施工单位认真勘察屋面木构架的实际保存情况。

（2）对损毁程度不同的构件监督施工单位采取不同的保护措施，坚持最小干预原则，保存较好的构件监督施工单位做加固修补后重新归位安装牢固，检查修缮措施是否合理、修缮质量是否合格、安装位置是否准确、牢固。

（3）对新配的构件，检查制作后的尺寸、规格，检查是否安装牢固。

3.3 木基层

椽子：

（1）检查新配板椽的制作尺寸。

（2）检查椽子安装间距是否一致，安装是否牢固。

望板：

（1）检查望板厚度是否符合要求，拼缝是否密实，表面是否平整。

（2）检查防腐剂是否喷洒均匀到位。

SBS 防水卷材：

（1）检查 SBS 防水卷材产品合格证。

（2）检查铺搭工艺，检查粘接是否牢固结实，检查粘接宽度是否符合规范要求。

（3）检查边角部位、细部是否处理细致。

3.4 木楼板

（1）检查进场木材材质及含水率，对于存在质量缺陷、不合格的木材禁止施工方采用。

（2）检查楼板制作的尺寸、样式，确保符合设计要求。

（3）检查楼板安装的位置、榫卯结构及其样式、尺寸，确保安装牢固、拼接严密。

3.5 楼板檩

（1）监督施工单位在揭除木楼板后对楼板檩条进行细致勘察，对轻微残损、糟朽、移位的檩条，监督施工单位做加固修整后、归位安装，我方对檩的残损情况及维修情况进行检查确认，对归位安装后的檩条位置、标高进行核对。

（2）对于糟朽严重需要更换的檩条，监督施工单位按照设计方案的要求拆除后重新添配，检查施工单位拆除檩条时是否做到了谨慎施工，检查施工加工制作完成的新添配的檩条的尺寸是否准确，检查安装后的标高、位置是否准确，检查檩条是否固定牢固，确保符合设计要求。

3.6 木装修

我方对施工单位制作的木装修各细部的尺寸、规格、雕刻工艺、榫卯结构等重点进行了检查，保证了构件的制作质量；在施工单位进行安装时，重点检查了安装位置是否正确，与窗洞是否贴合，与墙体接触、固定的部位是否做了防腐处理，安装、固定是否牢固。

3.7 木构件的防腐、防虫

本次工程按照设计要求采用CCA对木构件进行喷涂，我们检查了CCA的产品合格证和检测报告，保证了产品质量，监督施工单位对各类木构件必须喷涂细致到位。

经过严格监督和控制，大木架均得到了进一步的细致勘察，局部结构隐患得到了处理，结构安全得到保障；木基层和木楼板按照设计方案要求进行了全部更换，施工质量合格；木装修根据实际情况进行了维修和补配。总体而言，本次工程木作质量符合设计和规范要求。

4. 墙体质量控制成效

4.1 后建墙体拆除

（1）审查施工单位拆卸方案是否合理，监督施工单位按照已批准的拆卸方案进行施工。

（2）检查施工单位拆卸前的各项支顶保护措施是否落实到位。

（3）监督施工单位拆除时按照正确工序施工，重点监督施工单位在做拆除、拆卸工序时做到小心谨慎、轻拿轻放，检查施工方是否拆除、清理干净。

4.2 恢复竹篾墙、木板墙

（1）检查竹篾、木板的质量，确保含水率符合要求，确保无糟朽、死节等质量问题。

（2）检查竹篾编织质量，确保同原竹篾墙样式保持一致。检查木板制作尺寸，确保同原木板墙样式保持一致。

（3）监督施工方安装竹篾墙和木板墙，检查安装位置是否准确，安装是否牢固。

4.3 墙体抹灰

（1）检查墙面基层处理是否符合要求。

（2）检查各抹灰层材料配比是否符合要求。

（3）检查各层抹灰工艺质量，检查有无空鼓、裂缝等质量问题。

（4）检查表面罩白是否整洁、均匀。

通过以上控制措施，本次工程后建墙体得到了全部拆除，恢复了建筑原有格局，墙体脱落的抹灰按照原抹灰做法予以了恢复，各层隐蔽部位验收及时，质量合格，表面观感效果良好。

5. 工程进度控制成效

工程于 2018 年 3 月 12 日正式开工，历时 4 个多月，于 2018 年 7 月 31 日正式竣工。在施工期间，注意敦促施工单位在保证质量和安全的前提下，加快施工进度，每月均对施工单位的进度情况进行统计，与计划进度核对，一旦出现进度滞后立即采取纠偏措施，基本确保了工程在前 3 个月的施工过程中进度符合计划要求。在最后一个月的施工收尾阶段，离计划竣工日期还有 10 天时间，发现施工单位宪瓦迟迟不能结束，导致工程脚手架不能拆除，现场建筑垃圾无法清理，墙面、屋面无法打扫。这种情况如持续下去，将进一步影响工程的正式竣工和验收，对此，立即与施工方现场负责人进行约谈，要求其敦促施工人员加快施工进度，同时协助其做好了工期倒排计划，制定奖惩措施，调动了施工人员的积极性，最终确保了工程提前完工，确保了工程验收工作的顺利进行。

6. 工程安全控制成效

采取了如下安全管理措施：

（1）审查了施工单位的安全管理制度，检查了安全管理制度是否合理、全面，检查了各项安全管理措施是否合理，检查了安全管理组织机构人员是否分工明确，责任分明。

（2）检查了各项安全措施是否落实到位：

检查施工人员安全帽、安全绳、护目镜等安全防护措施配备是否到位，性能是否良好，是否切实起到了保护施工人员安全的作用。

检查施工现场用电安全，检查线路、开关等设备是否合格，检查线路敷设、接电是否符合用电规范。

检查施工现场消防设备、设施的配备、设置是否符合消防规范。

检查防雨雪、防大风等恶劣天气的措施是否落实到位。

检查脚手架搭设是否规范。

检查各项安全规章制度是否制定并落实。

检查安全警示标志、文明施工等标志是否悬挂到位、完善。

检查危险区域的防护措施是否到位。

检查现场施工人员有无抽烟、违规携带火种、酒后施工、违规操作等现象。

（3）施工过程中重点监督施工单位小心谨慎施工，避免野蛮施工、私自蛮干，保证了文物建筑本体的安全。

在本工程施工过程中，施工现场的安全管理制度制定合理、完善，安全管理组织机构人员设置完善、分工明确、责任分明，现场各项安全措施落实到位，未出现任何安全事故，文物安全和人员安全得到了切实保障。

7. 信息管理成效

根据与业主方签订的委托监理合同的约定，要对工程合同和信息进行管理，本次工程不存在分包现象，在正式介入工程之前业主方已于施工方签订了较为完善的施工合同，收集了工程的施工合同，并以此作为监理工作的重要依据之一，根据施工合同的约定做好"四控制、两管理、一协调"的相应工作，较好完成了合同管理工作。

工程信息管理是文物保护工程监理管理的重要一环，工程信息管理成效体现在监理对各项工程信息的收集、汇总及整理工作全面、完善。其中监理资料最能直观反映监理信息管理成效。

在本次维修过程中，监理资料整理情况如下：

（1）监理日志：每天记录监理日志。

（2）监理月报：对每月的监理工作进行总结，编写监理月报 5 份。

（3）工地会议及纪要：为及时沟通参建各方意见，解决工地中出现的问题，积极组织并参加多次工地会议，主要有：工地第一次工地会议暨图纸会审会议 1 次，工程现场协调会 1 次，监理例会 8 次；对会议内容及决议认真记录，形成会议纪要 10 份。

（4）旁站记录：对工程重要节点进行全程旁站监理，形成旁站记录 27 份。

（5）报验及检验文件：对施工方提交的单体分部/分项工程报验资料进行审查，检查合格后签发质量认可文件，共签署分部、分项工程报验表 72 份，古建筑拆卸构件登记一览表 14 份，构件更换、维修、加固登记一览表 14 份，材料进场报审表 11 份，防腐防虫处理报验表 9 份，隐蔽工程验收记录 17 份。

（6）影像资料：在各单体工程进展中，监理人员现场监督、记录施工过程，注重对影像资料的收集。

在工作中不仅做好了监理工作的信息资料管理，而且对于施工单位的信息资料管理也进行了严格的要求和耐心的指导，帮助施工单位完善了自己的工程信息资料。

后记

重庆巴南朱家大院作为巴南重要的历史遗存，它记录着百余年来巴南人历史、生活的变迁。它所携带的非常丰富的地域文化信息及内涵，使其具有了重要的历史价值。该建筑群是巴南传统民居风貌的精华之所在，同时也是重庆市重要的文化旅游资源。

该项目由学苑出版社投资对朱家大院进行文物保护与利用，由河南华磊古建集团设计施工，河南安远文物保护工程有限公司监理。全体设计人员、施工人员和监理人员为此付出了艰辛的劳动，做出了大量工作，在此致以诚挚的感谢！

本书虽已付梓，但仍感有诸多不足之处，书中存在大量的不足，请广大同行和读者批评、指正。对于重庆巴南朱家大院的研究仍然需要长期细致认真的工作，我们将继续努力研究探索。至此再次感谢为本书出版给予帮助、支持的每一位领导、同事，期待大家的批评和建议。

黎　明

2019 年 5 月 18 日